其实你不懂进化论

史钧 _____ 著

世界图书出版公司

北京·广州·上海·西安

图书在版编目（CIP）数据

其实你不懂进化论 / 史钧著. —北京：世界图书出版有限公司北京分公司，2020.8
（2021.5重印）
ISBN 978-7-5192-7673-7

Ⅰ.①其… Ⅱ.①史… Ⅲ.①进化论—普及读物 Ⅳ.①Q111-49

中国版本图书馆CIP数据核字（2020）第131821号

书　　名	其实你不懂进化论
	QISHI NI BUDONG JINHUALUN
著　　者	史　钧
策划编辑	陈俞蒨
责任编辑	陈俞蒨
装帧设计	人马艺术设计·储平
出版发行	世界图书出版有限公司北京分公司
地　　址	北京市东城区朝内大街137号
邮　　编	100010
电　　话	010-64038355（发行）　64033507（总编室）
网　　址	http://www.wpcbj.com.cn
邮　　箱	wpcbjst@vip.163.com
销　　售	新华书店
印　　刷	北京中科印刷有限公司
开　　本	880mm×1230mm　1/32
印　　张	10
字　　数	223千字
版　　次	2020年8月第1版
印　　次	2021年5月第2次印刷
国际书号	ISBN 978-7-5192-7673-7
定　　价	59.00元

目录

C o n t e n t s

引言
论战的源起 / 001

第 1 章
拉马克吹响号角 / 011

第 2 章
达尔文扣动扳机 / 027

第 3 章
谁才是进化论之父 / 043

第 4 章
物种起源的逻辑 / 061

第 5 章
牛津论战的硝烟 / 077

第 6 章
关于人类的迷思 / 089

第 7 章
性选择的波折 / 107

第 8 章
自私与合作的冲突 / 123

第 9 章
爆发与灭绝的玄机 / 145

第 10 章
适者生存的误区 / 163

第 11 章
拉马克的逆袭 / 185

第 12 章
神创论的幽灵 / 207

第 13 章
新时代的综合 / 227

第 14 章
选择层次的困境 / 247

第 15 章
中性选择的挑战 / 265

第 16 章
社会生物学的矛盾 / 279

结语
进化论的未来 / 303

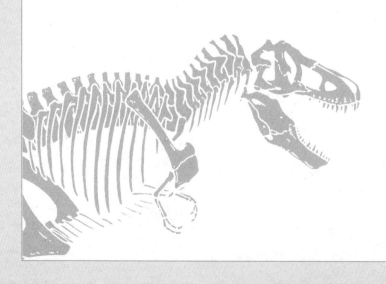

引言

论战的源起

我发现《圣经》比其他任何通俗的历史，有更多确切可靠的凭据。

——牛顿

只要你登上高山之巅，放眼远望，只见暮色四合，野云低垂，落日的光芒刺破乌云，长长的雁阵从光影之间悠然飞过。眼前鲜花盛开，远处群鸟起落，峰峦如聚，波涛如怒。面对如此生动的自然景观，你肯定会陷入沉思：这一切由谁造就？为什么会有人类在欣赏这一美景？人类又从何而来？

　　此类终极问题原本只是哲学家自我娱乐的游戏，后来才变成了科学问题。在达尔文之前，世间的一切都笼罩在诸神的光辉之下，尽管没有任何人目睹确切的神迹。几乎所有古老的民族对人类的起源都有着神秘观的解释：人类或是从海里游出来的，或是女娲用泥巴捏出来的。印第安人甚至认为，人是被一只鸭子用脚上的泥踢出来的。有人干脆认为人类是外星人制造的结果。根据现代宇宙学的研究，特别是"平庸地球理论"的观点，外星人倒并不是真的不可能存在。但即便外星人大驾光临，我们仍然会向他们提出同样的问题：你们起源于哪里？

　　中国人原本最有希望给出正确的答案，我们早就有"腐草化萤"的说法，这其实是自然观的原始雏形。所谓自然观，是与神秘观对应的世界观，相信世间的一切都有着自然的起源，而不是超自然力量干预的结果。可惜这些思想都只停留在表面层次，我们只是认识到了"变"，却没有细究其内在原因。中国精英阶层的注意力主要集中在诗酒书画，虽然手握自然观的强大武器，却仍然与自然科学失之交臂。

与此同时，西方精英阶层沉迷于神秘观不能自拔，他们视《圣经》为圭臬，用《圣经》回答一切问题，包括自然的创造和人类的起源。1650年，英国大主教厄谢尔根据《圣经》计算出，上帝创世的确切时间是公元前4004年，具体的时间是10月23日，星期天，上午9点。自那以后，万物就一直没有改变过。然后上帝造出了亚当，又用亚当的肋骨造出了夏娃，这两个人不辞辛苦地生儿育女，最后繁衍出满地球的人。这就是神创论的基本观点，是神秘观最重要的代表。

正是出于对上帝的虔诚，西方开始流行自然神学，希望通过研究自然来领悟上帝的旨意。在这一信念的驱动下，西方出现了一大批有影响的自然神学家，其中包括众人皆知的伟大的物理学家牛顿。

所有人都知道牛顿，却很少有人知道，他研究物理的目的是证明上帝的伟大与造物的精妙。在他的研究生涯中，他只有一半时间在从事科学研究，另一半时间则在钻研神学。他曾亲自用《圣经》提供的信息推算出地球的年龄为六千年。这个数据对自然神学具有较大的影响，直接导致许多学科不得不在六千年的时间范围内寻找依据，对地理学、物理学和古生物学等学科都造成了无形的干扰。

牛顿认为自己已经理解了宇宙的运转法则，那就是万有引力定律，却不知道宇宙最初是如何运转起来的。经过不断思考，他最终相信：上帝不但创造了宇宙万物，还设定了运动定律。正是上帝的奋力一推，宇宙才开始按照各种力学原理运转，此后不需要上帝再做任何事情。正因为这一论断，牛顿被看作是"这个世界最接近上帝的人"。

此外，伟大的化学家波义耳、《昆虫记》的作者法布尔等人，都是自然神学名家。他们的共同信仰是：上帝是存在的，否则所有研究成果都将失去有效支撑。

作为18世纪自然神学的集大成者，神学家佩利出版了《自然神学》，内容涉及天文、物理、生物等几乎所有领域，意图用列举事实的方法证明上帝的存在，并感谢上帝为人类的生存而付出了超级智慧。佩利同时还提出了著名的"钟表匠理论"，大意是说：如果我们在路边看到一块钟表，虽然我们不知道钟表的主人是谁，但我们确切地知道，其背后肯定有一名钟表匠存在，正是这个钟表匠制造了这块结构复杂的钟表。

由此推导，如果我们在路边看到一块石头，也应该知道，肯定有一个制造石头的人存在。推而广之，像我们人类、动物植物、山山水水，以至于整个地球或宇宙，其背后都应该有一个制造者。

谁能胜任如此繁杂的制造工作呢？毫无疑问，那个忙碌的钟表匠只能是上帝。正因为如此，像牛顿那样的自然神学者，在了解了精确的自然规律之后，反倒会更加相信上帝。

由"钟表匠理论"进而可以引申出"设计论"。"设计论"认为，人体不过是一架精美的机器而已，这种机器绝不是偶然的产物，而应该是设计的结果。至于其背后的设计者，无论如何装扮，都只能是万能的上帝。

与"设计论"密切相关的是"目的论"。"目的论"认为，世间的一切都是为了某种目的而存在的，主要的服务对象是人类。比如猫是用来为人类抓老鼠的，猪是用来杀了吃肉的，瓜果蔬菜是为了让人类一饱口福的。人体的所有器官也都有自己的目的，比如眼睛用来看东西、鼻子用来呼吸等。这些例子简单易懂，小学生都知道耳朵是用来听声音的，如果不是为了听声音，我们为什么需要耳朵呢？

由于过分强调目的性，"目的论"也必然走向神创论。因为任何目的都必须有最终的设定者，那当然只能是上帝——是他创造了万物，并为万物制定了用途。

因此，自然神学者充满信心地宣布：某个智能存在一直在指导着所有的自然事物。这个智能存在，他们称之为上帝。

自然神学遭受的第一个阻击来自英国哲学家休谟，他曾一度担任英国副国务大臣，而最让他富于盛名的，当推名满天下的哲学著作《人性论》。休谟对自然神学的态度主要集中在《自然宗教对话录》一书中，他指责"设计论"说，如果用高级标准来衡量这个世界，无疑是很不完美的，这只能是某个幼稚的神灵做出的粗糙的尝试，然后这个神灵肯定对自己的成果感到羞愧，所以最终抛弃了它。如果非要用这世间的一切来证明上帝的存在，无疑这个上帝是个低能儿。

虽然休谟的影响很大，但还不足以将自然神学完全打倒。随着时代的发展，神创论遭到了越来越多的怀疑。最简单的怀疑是，世界各地收集到的动物标本越来越多，动物名录不断变长，一个麻烦随之出现：如此众多的动物，当初挪亚方舟怎么能装得下？

神创论者不得不做出回应，他们郑重声明，鸟类和水生动物不需要住进方舟，这样可以节省很多空间。

尽管如此，动物种类还是太多，方舟根本不够用。而且，有些动物完全不适合挤在一条船上，比如猫和老鼠，还有老虎和山羊。那不是在救命，而是在搞水上野餐。

就算不计较空间问题，假设方舟非常大，足以给每种动物提供标准单间，可是世界各地的动物如何能在单一的生态环境下生存呢？北极熊需要寒冷的气候，而非洲草原的斑马需要炎热的气候，方舟到底应该满足谁的要求？

就算方舟在上帝的帮助下已经有了强大的空调系统，可当洪水结束后，这些天各一方的动物又该如何从方舟停泊的阿勒山脚下起程，然后远渡千山万水，再次回到各自的家园呢？让北极熊徒步回到北极是不可能的，一路上无鱼少肉，不说热死，饿也饿死了。

麻烦还没完。由于建造公路和开采煤矿，欧洲挖出的化石越来越多，表明很多动物都已经消失了。特别是巨大的恐龙化石，给人们造成深刻印象的同时，也让人产生了巨大的困惑：如此明显的庞然大物，上帝居然视而不见，《圣经》中居然完全没有提及恐龙。更令人难以理解的是，这些动物为什么会消失？上帝费尽心机创造了这些生物，难道就是为了让它们消失吗？

神创论者不得不再次给出解释，他们的解释很简单：那些消失了的动物，都是在大洪水中淹死的。

就算是这样吧，反正恐龙确实太大，估计挪亚方舟也装不下，活该淹死。可是显微镜又打开了另一个世界，人们见识了前所未闻的微小生物，无论数量还是种类，都大大超出了人类的理解范围，可是这些小东西在《圣经》中也从没被提起过。难道上帝也像人类一样，此前根本不知道微生物吗？难道微生物根本不是上帝创造的吗？如果不是上帝创造的，又是从哪里来的呢？难道是自然生成的吗？

这些疑问不断堆积，由此引发了另一个严重的问题：如果生命可以自然生成，又何必劳烦上帝创造呢？如果其他生物可以自然生成，人类为什么不可以？

自此神创论左支右吾、疲于奔命，只能胡乱解释各种难题，局面一度相当尴尬。屋漏偏逢连夜雨，生物学的麻烦还没有解决，地质学又给神创论带来沉重一击。

1795年，地质学家赫顿出版了巨著《地球理论》，这部具有划时代意义的著作为地质学研究制定了一个原则，就是不要引用超自然力量。自此以后，大洪水和上帝之手对地质学研究的影响越来越小。正是在这一原则的指导下，著名地质学家赖尔于1830年出版了《地质学原理》，提出了地球演化的"均变论"，用以反对当时流行的"剧变论"，后者是神创论支持的观点，大洪水就是"剧变论"的证据。赖尔用大量事实证明，地壳变化不需要借助超自然的力量或巨大的灾变来解释，而只需要依靠最平常的自然力量，比如风雨雷电、水流冰川，或者再来一些火山地震之类的运动，经过长期积累，最终会产生巨大的影响。珠穆朗玛峰就是这样一点点生长起来的，曾经的浩瀚大海，现在变成了黄鹤之飞尚不得过的皑皑雪山。沧海桑田，就这样不停地变换着。

麻烦在于，如果"均变论"成立，地质变化速度非常慢，就会出现一个必然结果：地球存在的时间被大大拉长了，从《圣经》认可的几千年延长到了几千万年，否则就没有时间演变出如此高的山峰和如此深的海洋。而如果地球真的经历了如此漫长的时间，上帝的影响就会被稀释，直至消除。时间提供了一切可能，就算没有上帝的干预，自然也可以照样运行。

自然观的影响就这样不断扩大，渐渐威胁到了神秘观的权威地位。尽管如此，神秘观并没有走下神坛，直到进化论出现，才给了神秘观致命一击。

一方面，进化论直接把超自然力量排除在自然体系之外，成为自然观的集大成者，与神秘观形成了直接对峙。另一方面，由于进化论听起来易于理解，同时也易于反驳，男女老少都可以发表自己的见解，这些见解大多毫无意义，却能诱使更多的人对进化论展开思考。就像滚雪球一样，意见越来越多，观点也越来越复杂，这时人们才发现：进化论容易理解只是表象，它的核心内容极难准确把握。正因为如此，才不断有人指责进化论是谎言。进化论的忠实支持者不得不与来自各方的非难进行着不懈的斗争，特别是与神创论之间的论战最为畅快淋漓。原因很简单，敌对双方的科学素养不在一个层次。多数论战只与知识有关，而与道德无关。

与此同时，更具有吸引力的论战发生在进化论内部，各派学者为了各种各样的理论开展了毫不留情的互相攻击：关于性选择、关于利他与自私、关于群体与个体、关于基因与行为、关于生命大爆发与大灭绝、关于渐变与跃变等。每一个话题就是一个战场，每一个战场都分为几派，每一派学者都学富五车、智力超凡。他们之间的论战辛辣而刻薄，同时充满了智慧的光芒。

这是一场跨越了三个世纪的战争，参与者为了各自的信仰吵成一团。论战的主题纷繁复杂、满天星坠；论战过程伴随着主题的不断变换和角色的瞬间转移；论战的形式也多种多样，有的温文尔雅、充满理性，有的则短兵相接、野性飞扬。更重要的是，有些论战至今仍没有决出胜负，所有人都可以根据自己的理解继续发表意见。大家都认为真理在握，并为对手的冥顽不化而冷笑不已。

这是一个不以胜败论英雄的时代，这场战争最终带来的是科学的进步和人类自我意识的提高。了解这些激动人心的故事，可以帮助我们拓宽视野，领略前所未有的思维冲击。无论胜负，每个渴求真理的人都应该了解这场百年论战。那不只是一场知识的盛宴，更是一次智慧的狂欢和精神的洗礼。

这将是一场永无止境的伟大战争。

第1章 拉马克吹响号角

观察自然，研究万物，寻找背后的普遍联系和规律，认清事物发展的方向，是追求科学知识的唯一途径。

——拉马克

真正吹响号角向神秘观宣战的科学家，不是哥白尼，也不是伽利略，而是被严重低估的法国生物学家拉马克。他是第一个试图用严谨的逻辑把上帝拉下神坛的人。

　　1744年，拉马克出生于法国的一个没落贵族家庭，家中兄弟十一人，他排行垫底。年幼时家里没钱供他读书，大概他也没兴趣读书，却对战争情有独钟，曾骑着一匹老马参加过德法七年战争。根据拉马克自己的说法，在一次战斗中，他所在的连队军官全部阵亡，他勇敢地接过了指挥任务，带领大家奋勇冲锋，最终取得了胜利。这段经历可能有吹牛的成分，就像所有老兵都喜爱夸大自己的战争经历一样，不过真假并不重要，反正他挺过枪林弹雨活了下来。

　　退伍以后，拉马克在巴黎的一家银行当上了小职员。没多久，他开始学医，四年之后辍学，转而学习植物学，并有幸结识了大名鼎鼎的哲学家卢梭。卢梭是自然神学的支持者，经常和拉马克一起散步聊天。和哲学家聊天总是值得吹嘘的事情，他对此从不隐晦。

毕竟，那是写下《忏悔录》的卢梭，又不是随便陪人吹牛的流浪汉。所以拉马克在文章中多次提到卢梭的名字，不过也仅此而已。

拉马克兴趣广泛、不善谋生，颇有天才气质，学习了一点儿科学知识之后，特别是受到了大哲学家卢梭的开导，从此对人生天地有了新的看法。他立即制定了庞大的研究计划，许多计划都因为过于宏大而不可能完成，比如他想搞出一个宏观的总体理论，可以概括物理学、化学和生物学的基本原则，解决自然科学的所有问题。当然他没有成功，但这些想法至少提供了不竭的动力。在这些伟大想法的激励下，拉马克不久就出版了《法国植物志》。非要说这本书有什么科学价值的话，那就是引起了著名学者布丰的注意。

当时布丰担任法国巴黎植物园主任，身为法国科学院院士，兼英国皇家学会会员、德国和俄国的科学院院士的他，具有强大的学术影响力。毫无疑问，他对植物学极为熟悉。更重要的是，布丰同样有着宏大的研究计划，他把牛顿视为偶像，准备像牛顿研究物理那样研究生物学。布丰正在编写百科全书式的著作《自然史》，非常需要拉马克这样的助手，所以他为拉马克在皇家自然历史博物馆植物部找了一份工作，使拉马克可以专心研究植物。而布丰的许多观点，也对拉马克产生了重要影响。

布丰一度相信"自然发生论"，认为动物和植物并非上帝创造的结果，而是由自然演变而来的。他甚至认为，人也是一种动物。如果只看面孔，猿猴是人类最低级的形式，除了灵魂以外，它们拥有人类的一切器官。但受到时代的限制，布丰并没有完全摆脱神创论的影响。他只是说，如果不是《圣经》的明示，我们可能要为人和猿寻找一个共同的祖先。这个观点尽管略显含糊，仍然足够惊世骇俗，所以《自然史》于1749年刚一出版，就立即在欧洲引起了巨大的轰动，甚至惊动了巴黎大学神学院。他们指控布丰离经叛道，威胁要对他进行宗教制裁。布丰很聪明，他知道宗教制裁意味着什么，所以立马给神学院写了一封投降书，声明自己无意对抗《圣经》，对上帝绝对虔诚，并保证《自然史》再版时，他将把这封信刊登在卷首，以此澄清自己的立场。此后布丰就乖多了，他经常在书中提到上帝，表明自己对上帝的敬畏。在私下里，他却经常对朋友说，只要把上帝换成自然的力量，一切都名正言顺了。

　　如果说布丰在《自然史》中已经表达了进化论思想，可能有点儿冤枉他了，或者说是抬高了他。其实布丰的思想很奇怪，从某种意义上说，他非但不支持进化思想，反倒是支持退化思想。因为布丰并不认为高等生物是由低等生物进化而来的，而是认为低等生物由高等生物退化而来，比如马退化而为驴，人退化而为猿猴等。这是一种奇特的观点，但如果考虑到布丰受到自然神学的影响，也就不足为奇了，毕竟上帝创造了人类，随后这些生物在历经自然的磨难之后，就像用久了的机器，退化是必然的结局。所以退化观是迎合自然神学的怪论。如果布丰有充分的时间研究这些问题，或许他会取得某种突破。可惜《自然史》出版后不久，法国大革命爆发，很多知识分子被从肉体上消灭了，布丰就是其中之一。他对进化论的思考也戛然而止。

　　有人评论说，布丰一生都在进化论的边缘徘徊，可惜他缺少向进化论发起最后冲刺的运气。其实不是运气或勇气的问题，而是当时的知识积累尚不足以支撑布丰发起最后的冲刺。不过他已经为进化论思想培养了一位优秀的接班人，那就是拉马克。

拉马克要比布丰幸运，他的肉体不但在大革命中保存了下来，他还被革命者拉去撑门面，做起了新政府的动物学教授，具体工作是研究蠕虫。就这样，植物学家拉马克转而开始研究动物。当时他已年近五十，仍满怀激情地投入到新的研究中，并且爆发出了惊人的研究能力，让动物学界大吃一惊，并于1783年被任命为法国科学院院士。

拉马克对"蠕虫"这个名称并不满意，于是他首次把动物分为脊椎动物和无脊椎动物，把所有蠕虫都归入无脊椎动物名下，与脊椎动物平起平坐，相关研究自然也提升了一个档次。

拉马克很快发现，无脊椎动物其实很有趣，它们不但数量庞大，而且种类繁多，事实上是研究进化论的极佳样本。他从乱七八糟的无脊椎动物种类中看出了物种变化的总体趋势，尽管不甚明朗，但总体方向绝对没错。为此，拉马克在1800年给学生上课时，已经修改了自己的讲义，不再说生物是不变的，而是明确提出了生物进化的可能性，只不过还缺少有力的证据。

正巧当时博物馆有一位研究人员去世了，把自己收集的各种软体动物化石都留给了拉马克。拉马克在研究这些遗物的时候，对软体动物化石进行了认真归类，意外发现了一条变化规律，那些化石与现存的软体动物极其相似，但又有所不同，其中可以排出一条线性的进化关系。这让拉马克认识到，动物可能处于变化之中，而不是如神创论宣传的那样永久不变。当时他之所以有这种想法，完全是替上帝着想的结果——上帝不可能不厌其烦地创造出如此名目繁杂的小动物来。

1809年，拉马克出版了《动物学哲学》，开始系统地阐述自己的想法。他在书中详细讨论了动物的分类与进化过程，完整地提出了进化理论，那就是著名的"用进废退和获得性遗传"。

在拉马克的理论体系中，用进废退和获得性遗传相辅相成，没有用进废退，就没有所谓的获得性，当然也就无从遗传。用进废退的思想明确指出物种可变，可以"进"，也可以"退"，这和神创论坚持的物种不变观点产生了直接的矛盾。拉马克对此心知肚明，他有理由担心自己会被宗教势力烧死，所以采取了聪明的方法进行自我保护——他没有集中提出明确的观点，而是分散零碎地表述了某种思想，让对手摸不着头脑，抓不住重点，自然也就可以让自己免遭不必要的攻击。

现在我们可以安全地总结拉马克的观点。简而言之，拉马克认为，生物会对环境做出反应，这就是用进废退。随着环境的持续影响，生物习性也会随之改变，并且这种改变会遗传下去，这就是获得性遗传。

支持拉马克理论最好的证据是长颈鹿。

长颈鹿的脖子为什么那么长？如果戴围巾，需要好几米的布料才行。如此特别的性状，必须有一个合理的解释。但拉马克并没有直接回答这个问题，而是回答了另一个问题：长颈鹿的脖子是怎么长那么长的。

在拉马克看来，长颈鹿原本是矮个子，因为低处的树叶不够吃，或者抢不过别的动物，矮颈鹿的祖先不得不拼命伸长脖子去吃更高的树叶，结果脖子越伸越长，终于变成现在这么长。这就是"用进"。

此外还有"废退"的例子，比如裸鼹鼠的眼睛。

裸鼹鼠长年生活在地下洞穴中，各种器官从头到脚，基本都适应了地下生活的需要，特别是眼睛，成年以后就深深陷在皮肤下面，视力完全退化。如果裸鼹鼠长时间暴露在阳光下，就会因为光线刺激而造成神经紊乱，严重的甚至会导致死亡。因为没有光线，所以视力退化，这就是典型的"废退"。

从表面上看来，"用进废退"的例子到处皆是，比如深海鱼类因为长年不见阳光，所以眼睛都退化了。鸵鸟的腿因为经常跪在滚烫的沙漠上，膝盖上长出了厚厚的胼胝质，也就是老茧。而令人惊奇的是，还在卵中没有出壳的小鸵鸟腿上也有胼胝质，所以这被看作是支持拉马克理论的重要证据，证明后天获得的性状似乎真的可以遗传下去。

正因为用进废退和获得性遗传与人们的直观印象一致，显得特别容易理解，因而也容易为人们所接受。直到现在，生物老师还在非常费力地解释拉马克的理论为什么错了，而学生依然表示无法接受。下文中我们会深度分析麻烦出在哪里。

拉马克根据自己的理论，强烈反对物种概念。他认为物种只是人为制造的假象，事实上在自然界中并不存在物种。根据用进废退理论，所有的生物都处于连续的变化之中。物种之所以看上去独自成形，与其他物种有着明显的区别，是因为没有收集到足够的标本来填补物种与物种之间的链条。在世界的某一个角落里，必定存在着介于两个物种之间的模棱两可的动物。当所有物种收集齐备以后，就可以看出生物界是由一连串过渡形态的生物组成的进化链条。

反对物种概念的不只是拉马克，布丰也持同样的看法。但布丰和拉马克的逻辑不同，他只是简单地认为物种就是不存在，存在的只有个体。无论哪种动物，每个个体都和其他个体不一样，没有两条完全相同的狗，也没有两只完全相同的猫。所有生物都会因环境、气候、营养的改变而改变。为此布丰猛烈抨击了林奈的分类学，因为分类学完全建立在物种概念之上。布丰认为，林奈除了给动植物起名字，其他什么都不懂。拉马克无疑受到了布丰的强烈影响，然后又影响了其他人。直到现在，仍有生物学家认为物种确实不存在，那只是人为研究的需要，而不是自然的本质。

拉马克认为，既然所有物种都处于连续变化之中，那就无所谓灭绝。根据他的推理，所有物种都没有灭绝，它们只不过是从一个物种转变成了另一个物种而已。而物种不灭的观点事实上为神创论解决了一个难题——如果许多动物都灭绝了，那为什么现在仍然存在大量动物种类呢？随着时间的推移，灭绝的动物越来越多，现存的动物应该非常少才对啊。为了解释这一难题，只有两条途径：一是上帝并没有休息，而是一直在创造新的物种；二是上帝确实休息了，那些新的物种其实是由旧的物种进化而来的。拉马克的方案，完美解释了为什么有的动物消失了，而有的动物在不断涌现，因为物种之间可以自行替换。如此一来，上帝就可以安然享受闲暇的时光了。

尽管拉马克花费了较大精力推广自己的理论，但在很长时间内都没有引起足够的重视。一方面是因为布丰已经不在人世，拉马克失去了一位重要的支持者；另一方面，他还遇到了一位强大的反对者，那就是大名鼎鼎的动物学家居维叶。特别是在拉马克死后，他遭到了居维叶的无情攻击和打压，并直接导致拉马克的理论被彻底埋没。

居维叶是与布丰齐名的科学天才，自小家庭富裕，受到过良好的科学教育，四岁就能读书，过目不忘，世称神童。他十四岁进大学，得到了严格的科学训练，加上天生的学习热情，十八岁就已名声在外，年纪轻轻就已出任诺曼底大学助教，在很多方面都取得了不俗的成就，开创了比较解剖学、古生物学、动物分类学等研究领域。同时，他还是颇有影响力的社会活动家，积极参与政治活动，和拿破仑关系密切，被称为"亚里士多德第二"。

与同时代的科学家一样，居维叶同样信奉自然神学，他研究生物不是为了推翻《圣经》，而是相反。他的基本思想与《圣经》高度一致，比如居维叶坚信，所有物种自诞生以来就一成不变，就算大量出土的动物化石，也没能改变他的看法。

当时巴黎因为市政建设的需要开辟了许多采石场，意外挖出了大量化石。居维叶受政府委派，对采石场化石进行了详尽的研究。他发现采石场的地层可以分为五层，每一层的化石都不相同，其中最上层是淡水动植物化石，第二层以海洋贝壳类生物为主，第三层又是淡水生物，第四层又是海洋生物，最下面一层，也就是第五层，则包含淡水贝壳类化石。通过如此复杂的化石分层现象，居维叶得出了一个重要结论：巴黎地区曾经数次被海水淹没，当地所有陆生生物都灭绝了。海水退去后，淡水生物才得以重新归来。数度反复，才出现了如此奇特的地层化石结构。根据这个判断，居维叶提出了著名的"灾变论"，也就是说，在地球历史上曾经周期性地出现大灾难，因而造成了生物种类的大更迭。

居维叶通过对化石的分析，判断乳齿象和猛犸象等大型动物都已灭绝，低等动物的灭绝数量更是惊人，这是科学界第一次承认动物灭绝。为了捍卫《圣经》的权威，居维叶必须给生物灭绝提供一个合理的解释。对于天才的居维叶来说，此事并不困难，因为他还发现，不同地质层面的化石明显呈现不断复杂化的趋势，最底层只有原始的腔肠动物化石，上层则出现了鱼类等脊椎动物，直到最上层，才出现了哺乳动物。如果居维叶根据这些化石线索进一步思考，就可能得出生物进化的观点。可惜的是，受到自然神学的影响，居维叶就此止步。他仍然坚信物种不变论，并对那些化石进行了重新解释。他认为，生物确实在灭绝，而低等生物的灭绝，恰恰是为了给高等生物腾出空间来。直到五千年前的那次大洪水，也就是最后一次大洪水，是上帝在清空舞台，为人类上场做准备。

居维叶还发现，埃及木乃伊的骨架和现代人完全相同，这让他深信，物种在四千年内确实没有发生任何变化。既然如此，进化当然无从谈起。

居维叶对自己的理论非常满意，因为在"灾变论"与"物种不变论"之间存在着天然的逻辑自洽——既然物种不会变，当然不会从低等生物变成高等生物，那么低等生物只能灭绝，而大灾难正好能造成大灭绝。两者相互需要，一拍即合。所以在今天看来，居维叶的结论虽然不可思议，但在自然神学的范畴内其实非常合理。他所倡导的灾变论也成为神创论的重要理论工具，后来与进化论开展了漫长的论战，成为阻碍科学进步的一块巨大的绊脚石。

而与巴黎科学院另一位重要学者圣提雷尔之间的论战，进一步坚定了居维叶的信念，导致他在背离进化论的道路上越走越远。

圣提雷尔是布丰的学生，同时也是拉马克的好友，早年受过教会教育，不久转攻博物学，成为法国著名的动物解剖学家、胚胎学家，二十一岁时已成为巴黎自然历史博物馆的教授，而当时的居维叶还籍籍无名。为了能到巴黎工作，居维叶曾特意将自己的论文整理后寄给了圣提雷尔，请他指导。圣提雷尔对居维叶的研究非常欣赏，于是向博物馆大力推荐，并将自己的很多标本送给居维叶研究，其中包括圣提雷尔亲自跟随拿破仑从埃及带回的木乃伊。从这种意义上说，圣提雷尔甚至可以说是居维叶的科学引路人。此后，居维叶的地位不断上升，与拉马克和圣提雷尔成了巴黎自然历史博物馆的三巨头。

与拉马克一样，圣提雷尔受到布丰思想的强烈影响，也主张物种可变，因而在此问题上与居维叶出现了明显的冲突，冲突的焦点在于生物结构与功能的关系。

由于坚信物种不变，居维叶推断：生物的所有结构都对应特定的功能，即所谓一物一用。什么样的结构具有什么样的功能，都是上帝精心设计的结果，比如心脏用于输送血液、肺腑用于呼吸等。所有这些结构都绝对精确，没有无用的器官，也没有退化的器官，因为所有器官都出自上帝之手。上帝不可能造无用的器官，更不可能让器官半途退化。正因为所有器官都执行某种特定的功能，所以整个生物体才会适应环境。就像钟表要想正常运行，其中的每个零件都需要有自己的功能一样，没有哪个零件可以随手扔掉。

圣提雷尔根据物种可变的原则，提出了相反的观点，他认为，大自然原本给所有动物都配置了相同功能的器官，并且数量相等。只是由于不同的环境会对生物造成不同的影响，这样才有了动物的多样性。正因为如此，生物结构的功能也是可变的，否则无法应对变化的环境。圣提雷尔甚至认为节肢动物的分节附肢和脊椎动物的分节脊椎源自同一种结构，它们原本都有相同的功能。他据此提出了"同功器官"的概念，和现在通行的"同源器官"概念有一定的关联，也就是指结构不同但功能相同的器官。由此可见，圣提雷尔的思想具有一定的超前性。

由于圣提雷尔与居维叶之间的分歧越来越严重，终于发展为公开的论战，那就是著名的巴黎科学院论战，论战的焦点正是结构与功能的关系。

1830年2月15日，在法国科学院的一次会议上，圣提雷尔当众宣读了自己学生的论文，对比了头足动物与脊椎动物的解剖结构，通俗地说就是乌贼和狗的解剖结构，并认为两者有相同的基本设计。圣提雷尔以论文为切入点，向居维叶的物种不变论提出了挑战。他认为论文中谈到的脊椎动物具有同一结构的观点，与自己一贯的见解相符：有的结构可以有多种功能，比如鲸鱼的前肢与人类的前肢，虽然结构相同，但功能完全不同；而有些不同的结构，可以完成相同的功能，比如蝙蝠的翼手和鸟类的翅膀，都具有飞行的功能。而且圣提雷尔认为有些器官的功能已经退化，似乎并不是精心设计的结果。既然如此，在结构与功能之间，并不存在严格的对应关系。

但圣提雷尔在这条路上走得太远，他居然认为所有动物都来自一个统一的结构，甚至认为节肢动物的外骨骼与脊椎动物的骨骼和肋骨相当。在此基础上，圣提雷尔做出了一个重大假设：所有生物都有一个共同的祖先，都有相同的起源。

这些观点在今天看来无疑都是正确的，甚至是进化论的基础，但当时圣提雷尔没有占得先机，因为他的观点超出了当时的理解能力。普通听众很难理解，一只猫怎么可能和蚯蚓有着相同的起源呢？圣提雷尔有苦说不出，因为他还没有得到细胞与基因理论的支持，具体也说不清楚为什么不同的生物会有相同的起源。他只能强调思想的作用，也就是从内在的逻辑出发，推导出这个结果，但推导过程并不能令人信服，因此遭到了居维叶的强力反击。

居维叶早就把动物界分为四大类。一切动物都可归属于四大门类，彼此没有先后之分，都是上帝创造的结果。既然如此，各大门类各安其位，并不存在谁进化成谁的问题。基于这个逻辑，居维叶对圣提雷尔的观点进行了一一反击。那是一场漫长的论战。法国科学院大厅内常常座无虚席，大家都在聆听两位科学家的口水仗，就像观看话剧一样津津有味。

直到1832年5月13日，巴黎科学院论战才告一段落，因为那天居维叶去世了，科学院也因此而宣布居维叶胜出，毕竟他的观点更符合《圣经》的主张。居维叶的胜利虽然压制了圣提雷尔，更大的影响却落在了拉马克头上。因为物种不变论和物种可变论是一对不可调和的死敌。

居维叶原本曾一度支持拉马克的想法，但在宗教势力的高压下，他聪明地改变了自己的观点，与拉马克彻底决裂。

当初拉马克的《动物学哲学》出版时，立即触动了一些人的敏感神经，巴黎大主教从中读出了某种不祥的预感，他亲自去找拿破仑，要求对拉马克予以严厉制裁。拿破仑把此事交给居维叶处理，希望拉马克能像布丰那样，公开声明自己无意亵渎上帝和《圣经》，并收回一切与《圣经》相违背的言论。

居维叶按照拿破仑的指示去找拉马克，他暗示拉马克，如果不做让步，后果不堪设想。没想到拉马克一口回绝了居维叶，他拒绝因为宗教原因而改变自己的科学原则。居维叶碰了一鼻子灰，回去到拿破仑面前添油加醋地评论了一番。拿破仑勃然大怒，立即命令法国大学管理部门将拉马克除名，同时停止其所享受的法国科学院院士的一切待遇。居维叶为了迎合拿破仑，对拉马克的进化理论竭尽嘲笑之能事，指责拉马克的理论是彻头彻尾的异端邪说。受居维叶的影响，当时一大批学者都对拉马克展开了无情的攻击。在他们眼里，拉马克无疑是个可笑而又可怜的小丑。拉马克因此身败名裂。

1809年冬天，拉马克心情落寞地离开了科学院，和小女儿搬到巴黎东郊的平民区居住，依靠微薄的养老金度日，甚至双目失明，百病缠身。尽管如此，他仍然没有放弃自己的工作，而是借助女儿的笔录坚持写作，为后人留下了大量宝贵的资料。他对自己的遭遇并没有感到后悔，曾说："科学让人受益匪浅，还能让我们感到温暖和纯洁，以弥补生命中不能避免的苦难。"

1829年12月8日，拉马克在巴黎与世长辞，享年85岁，遗骸被埋葬在蒙巴纳斯的公墓。他生前最后一个心愿，就是希望人们不要关注他的动物学或植物学研究，而是关注他的进化论。可惜这个心愿被他带进了坟墓。

尽管如此，拉马克并没有被后人彻底遗忘，现在已经被看作是进化论的先驱之一。虽然生前寂寥，死后却拥有大批追随者。特别是法国人，正像研究达尔文那样研究拉马克，并期待他的进化理论能够重放光芒。在拉马克身上，寄托着法国智慧战胜英国智慧的希望。

1909年，英国人纪念《物种起源》出版50周年的时候，法国人也举办了纪念拉马克165周年诞辰的活动，同时纪念《动物学哲学》出版100周年。人们在拉马克工作过的巴黎植物园竖起一座半身塑像，底座上写着一行字：进化论的创始人。

曾经有一段时间，拉马克的理论比达尔文的理论还要流行，因为"用进废退"的观点很容易理解，因而很容易被接受。拉马克强调目的就是动力，甚至"欲望"和"意志"也能推动生物的进化，比如长颈鹿特别想把脖子长长一点儿，于是真的就长长了，这就是"意志"的力量。至于意志最终来自何方，拉马克只好归功于上帝。他同样没有彻底摆脱自然神学的影响。不过人文学者对此并不关心，他们希望拉马克是正确的，如此一来，坚定的意志就能引导人类走向美好的明天，甚至是天堂。意志靠什么起作用，却是人文学者无法回答的难题。

至此拉马克已经完成了铺路者的任务，他扣动了科学对战宗教的扳机，但并没有打响。枪是好枪，却打出了哑弹。

真正扣动扳机并射中要害的，是达尔文。

当拉马克在法国凄然离世时，达尔文已经准备乘船出海了。

一次伟大的航程即将起航。

第2章

达尔文扣动扳机

无论是在科学界之内还是在科学界之外，没有谁比达尔文对我们的世界观有如此巨大的影响。

——迈尔

我们姑且把达尔文的祖父伊拉斯莫斯称为老达尔文，他是个典型的英国绅士，一辈子都想出人头地，不但热爱科学研究，而且喜欢舞文弄墨，经常写点儿散文诗歌，那是受到莎士比亚风潮影响的结果。在当时的欧洲，同时进行文学创作和科学研究，是贵族的基本生活状态，也是展示社会地位的重要手段。但附庸风雅并没有让老达尔文名垂史册，倒是他的两个孙子让他暴得大名，那就是孙子达尔文和外孙高尔顿。

　　不过老达尔文也并非一无是处，他之所以能够留名科学史，是因为他确实取得了一定的成绩，比如创作完成了《动物学》《植物学》等科学著作，尽管现在看来没有什么科学价值，但老达尔文在这些著作中零散地表达了物种变化的思想。他认为现存的所有生物都是从原始的细丝状生物繁衍而来的。单凭这一点，就足以让他受到教会的警告。好在老达尔文的著作内容太过繁杂，而且受到当时贵族风气的影响，语言风格拖沓冗长，缺少精确的科学叙述，所以没有引起更大的骚动。他把挑战宗教的机会留给了自己的孙子达尔文。

达尔文承认读过祖父的书，而且读了不止一遍，但他拒绝承认受过祖父的影响。有意思的是，达尔文后来曾猛力攻击拉马克抄袭他祖父的思想。也就是说，他无意中承认老达尔文确实提出了物种变化思想，但这种思想只影响到了他的学术对手拉马克，而没有影响到他自己，尽管他们都支持物种变化这一核心内容。

后来研究者认为，达尔文在《物种起源》中所表达的思想，在他祖父那些被淹没的著作中都已得到表达，只不过达尔文表达得更为系统清晰而已。好在这是他们达尔文自家的事情，没有人出来为他们争夺署名权。如果这事发生在拉马克身上，大概达尔文的地位早就被法国人晃动得风雨飘摇了——法国人从来不会放弃与英国人争名夺利的机会。

1809年2月12日，达尔文出生于英国的一个小镇，那时老达尔文已去世七年。达尔文在兄妹八人当中排行老六，父亲是个医生，家庭条件相当不错，他从小就受到了良好的教育，不过老师对他的印象非常一般，甚至认为他的智力低于平均水平。父亲对他也很不满意，有事没事总会骂他几句。达尔文对此耿耿于怀，到老仍抱怨自己缺少父爱。

达尔文先是被送去爱丁堡学医，幸运的是，他实在没有学医的天赋，学习成绩一直很差。父亲对此很是失望，这才决定送他去教会学校，指望他以后能当个牧师混口饭吃。1827年，达尔文进了剑桥基督学院，他可能是神学院培养出来的最伟大的"叛徒"。

在剑桥，达尔文一如既往地不喜欢学习，他最感兴趣的事情是过一种"无所事事的游荡生活"。但达尔文也不是整天都在无所事事地游荡，他在游荡时还收集了很多甲虫，这些名目繁多的甲虫似乎对进化思想的形成极有帮助。

对于达尔文这样游手好闲的男人来说，在英国皇家军舰"贝格尔号"上度过一段时间，做一次环球航行，大概是打发时光的有效方法。此次航行的目的是修改英国海军航海图，需要花很长时间走很远的路。为了提高军舰利用率，政府要求船长顺便带人考察沿途海岸和港湾。为此，他们需要一个博物学家同行。

但达尔文并不是那位博物学家。

据进化论学者古尔德的研究，达尔文当时的工作只不过是陪陪那个年轻的、只有二十六岁的船长费茨罗伊在餐桌上说说话聊聊天，用以打发漫长难熬的远洋时光。船长就是一艘船的国王，为了保持权威和神秘感，一般不与其他人见面。为了不被闷死，加上不许带女人上船，所以他需要一个来自上流社会的有一定知识的绅士、看着顺眼说话投机的男人作为精神伴侣——达尔文就是充当这个角色的。船长的要求是合理的，因为"贝格尔号"的前任船长就是在出航三年后因寂寞而自杀的。

当达尔文的导师亨斯罗得到这个消息后，直接给达尔文写信说，费茨罗伊船长需要一名男子做伴侣。

通常这样的好事都不会顺利。正当达尔文兴致勃勃地收拾行李打算上路时，他的父亲却跳出来阻止这一行程。父亲对达尔文说："只要任何一个有普通常识的人支持你随船航行，我就同意你去。"达尔文几乎被这句话击倒了，因为这句话太扎心了，他变得非常自卑，并已经准备放弃这次航行。好在舅舅支持了他，舅舅劝服了达尔文的父亲，家人终于同意放行。

然而不妙的是，船长费茨罗伊对颅相学颇感兴趣，他在面试达尔文时，觉得达尔文智力平平，精力也一般，所以兴趣不大。如果这时有竞争者出现，达尔文肯定落选。当然也不是没有竞选者，而是另外两个候选人主动放弃了这个机会。船长没得挑剔，这才捎上了这个至关重要的乘客。

当拉马克在法国去世整整两年后，"贝格尔号"从英国出发了。此次航行从1831年12月开始，到1836年10月结束，达尔文在这条无聊的船上整整度过了五年痛苦的时光，晕船和疾病无时无刻不在折磨着他，落下的后遗症甚至纠缠了他半辈子。

好在达尔文是船长的座上客，身上还有一大笔钱，有仆人可供驱使，除了身体不适外，其他各方面都可谓顺风顺水。每到一地港口，他都可以上岸做一番舒适的游历，并花钱雇用当地的民工采集标本，就这样，他得到了大批可供研究的一手资料。

这些事情看起来非常像是一位博物学家的工作，其实随船的真正的博物学家另有其人，他叫迈考密克。这个名字古怪的可怜的博物学家手头没钱，船长也不为他提供便利，达尔文也瞧不起他，博物学家大部分时间都待在船上生闷气。1832年4月——船开出后仅仅几个月，这个贫穷的知识分子终于受够了，他在里约热内卢托病离船，乘坐另一艘英国军舰回家了。达尔文曾在写给导师亨斯罗的信中提到过此事，并用极其刻薄的文字表达了他对那位博物学家的轻蔑之情，他称迈考密克是一头"蠢驴"，是没有任何科学思想的可怜虫。事实上，达尔文和迈考密克并不存在利益冲突，如果真有的话，可能是达尔文在潜意识中想要扮演博物学家的角色，所以与迈考密克展开了悄无声息的竞争。迈考密克被迫离船回家，就算不是因为达尔文，至少也与他有关。

达尔文并不是一个喜欢社交的人，他和船长费茨罗伊的关系也很糟糕，甚至曾因争吵而被船长赶出了餐厅。所以达尔文在回忆录中根本不愿提及那个船长，必须提及时，也往往以"一位船长"来指代费茨罗伊。但费茨罗伊船长对达尔文的启迪作用不容轻视，因为他们在漫长的时间里几乎都在闲聊。费茨罗伊船长是一位有思想的人，起码他自己以为是。两人谈论的内容相当广泛，包括唯物论和无神论。有人甚至认为，费茨罗伊船长对达尔文的重要性不亚于鸣雀。

但费茨罗伊船长是个不折不扣的教徒，他对上帝的信仰从没有改变过。当达尔文终于发表了《物种起源》时，费茨罗伊船长曾经悔恨不已，他以为是自己启发了达尔文的异端思想，因而深感自责，并产生了强烈的赎罪欲望。了解了这一点，就可以基本推定，达尔文和费茨罗伊在船上的相处不可能多么愉悦。

由于身体原因，达尔文每天只能工作两个小时左右，而且他更愿意把时间花在陆地上。船行到太平洋加拉帕戈斯群岛时，需要对群岛进行测量，达尔文就开始在岛上巡视。

在西班牙语中，加拉帕戈斯是海龟的意思，在政治或地理教材中，往往被称为科隆群岛。这是个火山岛，岛上地形险要，怪石嶙峋，因为人迹罕至，加上气候适宜，所以布满了未知的动物和植物。仙人掌和灌木丛分布在沿海地区；高大的树木生长在较高的山坡上，树下铺满羊齿类植物；动物则有海狮、海豹、信天翁和火烈鸟等。当时最为大家熟知的，是无数的海龟。

在加拉帕戈斯群岛，达尔文收集了大量的动植物标本，并惊异于岛上物种的独特性，它们虽与南美大陆物种有着某种相同之处，但又处处透着那么点儿不一样。更有甚者，因为是群岛，所以岛与岛之间有一定的间隔，而每个小岛上原本应是同一物种的动物，似乎也存在着或多或少的差异。比如每个岛上的海龟壳花纹都不相同，而且各自都有明显的特征，有经验的土著只要看到海龟壳，就知道是来自哪个岛。这个事实把达尔文弄糊涂了，因为造物主实在没有必要在每个岛上都制造出不同的生物来，那样工作量未免太大了。但这个事实的背后隐藏着什么，达尔文还没有搞明白。因为他的注意力其实集中在地质考察方面，也就是说，当时达尔文在内心深处其实是想当个地质学家。

引起达尔文注意的是岛上的鸣雀，他在岛上一共认出了十三种鸣雀，并认为它们原本是同一种鸟，只是因为居住在不同的岛上，结果变得各不相同。达尔文想到，这可能是适应不同小岛上不同环境的结果。他以此为切入口，记录了不同鸟嘴的形状。岛上的食物不同，鸟嘴的形状也不同，这很可能是为了适应食物而产生的变化，后来被用作进化论的重要证据。

有意思的是，达尔文对鸣雀的认识其实是错误的。后来经过鸟类学家鉴定，那些鸟并不是同一种鸟。而且当时达尔文的记录相当模糊，根本没有载明哪种鸟取自哪座小岛，而是一律笼统标上了"加拉帕戈斯群岛"。虽然他后来试图回忆不同的鸟各自的取样地点，但结果是徒劳的，由此带来的糟糕后果是：他很难以此为证据说明不同的环境可以产生不同类型的鸟。

事实就是这样，虽然达尔文对那些鸟的认识只是一种错觉，却导致他在长期思考后得出了正确的结论。

1836年10月，行程终于结束，达尔文带着大量标本和日记回国，他的身份也因此发生了巨大变化——他和导师亨斯罗的通信在博物学同行间广为传播，其中记录的成果足以让他成为一个博物学家。著名植物学家胡克成了他的好朋友；著名地质学家赖尔亲自将达尔文引进伦敦地质学会，两人也因此成了忘年交。此后，达尔文提出了环状珊瑚礁形成理论，更是稳固了他作为地质学家的地位，虽然现在已没有人在乎他的地质学成就。在伦敦科学家圈子里，达尔文已成长为一位风云人物。许多人都相信，达尔文必将大有作为。

但达尔文回国之后的第一件事情不是发表论文，而是结婚。

达尔文的妻子是他取得成功的另一重保障，因为她不仅很听话，还很有钱。

理性的达尔文原本并不打算结婚，他曾详细列举了十几页纸的表单，对照结婚可能带来的好处和烦人的地方。最后得出的结论是：结婚的好处要稍大一些，他相信妻子可以生孩子、做家务，无聊的时候还可以说说话。用达尔文的话说就是，有一个妻子"总比有一条狗强"。

很多天才对待婚姻和爱情的态度有别于常人，有一部分人起初出于雄性激素的支配，态度可能确实很真诚，但他们内心真正的兴趣并不在此，所以谈情说爱结婚生孩子对他们来说不免有屈尊之感，有时带有明显的功利性色彩。比如百科全书式的近代科学之父笛卡尔、大物理学家爱因斯坦、大音乐家瓦格纳，差不多都是这样。达尔文也不例外。不管怎样，他决定向表姐爱玛求婚。

爱玛并不知道达尔文内心的真实想法，她是一个天真单纯活泼可爱的小女人，对爱情充满好奇，并且对达尔文带有一点儿少女的钦慕。她理所当然地答应了达尔文的求婚，并在以后的生活中以照顾达尔文为人生的最大乐趣。然而爱玛对达尔文的真正意义远非如此，因为她的家庭非常富有，她带走了一大笔财产作为嫁妆。达尔文的父亲也一次性支付了数额可观的安家费，使得达尔文不再需要找工作，年近三十就过上了衣食无忧的贵族生活，可以安闲地阅读、思考、散步、写作，或者什么也不做，只是发呆。

婚后的达尔文开始整理环球航行资料，并很快出书。这本书销量很好，给了达尔文一个意外的欣喜。他从没想到自己居然拥有作家的天赋。散文式的文笔给他带来了巨大声誉，拖沓细致的行文风格可以给人一种贵族般高雅从容的感觉。

随后，达尔文的身体状况迅速恶化，他经常出现心悸、心疼等症状，后来还出现了长时间的呕吐、头疼、胃疼、全身无力，以至于害怕参加各种聚会，因为担心哪一天会死在路上。

不过达尔文的病症真的很奇怪，没有医生知道哪里出了问题，后来的研究者根据他的病情记录也判断不出是什么毛病。有人提出一种假设，因为达尔文总在心里不停地挣扎，一方面坚信自己的理论是正确的，另一方面又担心得罪教会而招来巨大的抵抗和指责。为此他徘徊犹豫，难以自决，又无人倾诉。新婚妻子爱玛是天真而忠实的基督徒，肯定不能容忍达尔文否定上帝。达尔文还能怎么办呢，他只好生病。这种病人总以为自己有病，而且身体虚弱，其实没有任何问题。事实也是如此，达尔文很高寿，并且一口气和妻子生了十个孩子。

但达尔文在新婚之后感觉身体越来越差，长年虚弱多病。总生病也不是办法，于是达尔文决定搬到乡下去住，好远离伦敦肮脏的空气。那时伦敦是工业化城市的代表，而且主要依靠煤炭作为能源，空气质量可想而知。

1842年，达尔文在伦敦郊外购买了一座景色幽致的乡间别墅，精心装修之后，变成了世外桃源般的居所。围墙栅栏上爬满了阔叶青藤，缠绕而上的牵牛花随风开放；宽阔的院落里种满了色彩斑斓的花草，蜜蜂与蝴蝶在其间进进出出忙个不停；色彩各异的鸽子在院子里飞上飞下，发出咕咕的叫声；伏在草间的虫子也随声应和，轻快地鸣唱。夕阳西下，霞光满天，这座乡间别墅完全隐罩在一片静谧的田园暮色之中，后来成为著名的旅游景点。

达尔文在乡间庄园花了十几年时间整理资料，不断思考物种起源和进化问题，基于前人的研究和自己的观察理解，他相信，进化是简单的事实，已不再需要怀疑。他的任务是要回答生物为什么进化和如何进化。这是两个不同的问题，就像为什么吃饭和如何吃饭一样，有着完全不同的内涵。

根据达尔文的笔记，自1837年7月起，他开始进行关于进化论的零散思考，同时培育了许多动植物用于观察和研究，而且不断与各地科学家通信交流，最后终于形成了完整的理论。这些理论虽然没有发表，但已基本成形，并在同行科学家之间进行了小范围的传播。

据达尔文的说法，他在1838年秋天为了消遣，通读了马尔萨斯的《人口论》，对书中描写的人类生殖和生存困难印象深刻。马尔萨斯断定，人类的粮食生产能力跟不上人口增长速度，要解决人口增长与资源短缺问题，饥饿、战争和瘟疫是必不可少的手段，只有这样才能大幅裁减多余人口，特别是裁减穷人。这一理论影响广泛，英国甚至因此制定过《贫困法》，以法律形式禁止穷人生孩子。

据说正是《人口论》让达尔文突然在脑海中闪现出了自然选择的念头，那似乎是非常戏剧性的过程。尽管这种灵光闪现式的传说非常迷人，也容易为大众所津津乐道，但并不可信。达尔文在当天的笔记中只是非常平淡地记录了他读过《人口论》，并没有提及任何感想，甚至连一个感叹号都没有。对于经常连用三个感叹号表示开心或惊奇的达尔文来说，马尔萨斯的理论并没有对他产生多少启发作用，或者就算有，影响也很有限。

我们拒绝所有传奇色彩的说法，因为像进化论这样极具创新性的思想体系，不可能是灵光闪现一蹴而就的结果，而只能是对自然长期探索和思辨的结果。就像宽广的长河不断流淌，才会冲刷出辽阔的平原。

1844年，一部名为《自然创造史的痕迹》的奇书横空出世。之所以说那是一部奇书，是因为作者不但匿名，而且书中表达的想法也相当令人震惊，许多内容都与《圣经》背道而驰，比如书中描写了宇宙自然形成的过程，并认为生命也可以追溯到万物起源之初，与宇宙一样，都是自然发生的，而非上帝创造的结果。作者推崇拉马克式的理论，认为"用进废退"是物种形成的主要动力。

这本书很快风靡英国，因为英国人从来没有读过如此离经叛道的作品，所以第一版在几天之内就销售一空，很快连续重印了十几版。

达尔文也看到了这本书，但对书中的观点不以为然，许多想法都与它相反。尽管如此，达尔文还是对这本书的畅销感到兴奋。这本书的畅销表明，人们迫切需要了解关于自然的科学解释，而不总是宗教的解释。所以他立即给好友赖尔和胡克写信，透露了自己的进化论思想。也正是这些信件，才促使赖尔和胡克两人后来大力推崇达尔文关于进化论的优先权，因为他们手中有达尔文在1844年的信件为证。这些信件比《物种起源》出版的时间整整早了十五年。

奇怪的是，达尔文在此后长达十多年的时间内，却没有写出任何与进化论相关的论文。有人说达尔文担心受到宗教迫害，而事实是，宗教裁判所早在1600年就已经不再用火刑柱烤人了。还有人说他不想惹妻子爱玛不开心，因为任何否定上帝的暗示都会令她感到不安，达尔文在尽量迁就妻子。

更漂亮的说法是，达尔文在寻求更全面的证据支持。比如他栽种了大量兰花，不厌其烦地记录兰花开花的模式，饲养并观察了很多长相各异的鸽子。其间他还花费八年时间写成了一部关于藤壶分类和生活史的大部头著作，篇幅之长连他自己都感到吃惊。这些工作都是为了证明物种进化和适应的思想。达尔文相信，在有限时间内经过人工培育而发生的物种变异，完全可以与自然界发生的变异相比拟。达尔文只是在观察，而没有把自己的想法写出来发表，他似乎还在等待。

但达尔文拖得太久了，他自己也知道这一点，有时甚至担心自己完成不了写作任务。为此，他不得不在写出了一个基本纲要后，向妻子做了一个交代：万一自己早逝，希望妻子能把手稿交给赖尔或胡克，由他们代为整理发表。没有人知道此事的真假，所有说法都来自达尔文自己。唯一可以确定的是，达尔文仍在拖拉，像贵族那样每天栽花养鸟、和朋友通信、在院子里忧心忡忡地散步，甚至一条一条地记录从地里挖出来的蚯蚓，就是没有着手写进化理论。正当一切看起来毫无希望的时候，一个名叫华莱士的年轻学者突然登场，给达尔文造成了始料不及的麻烦。

在东南亚之南群岛密布的辽阔洋面上，一名身形瘦弱的年轻学者乘坐着简陋的木制帆船在马来群岛和印尼群岛之间来回穿行，调查各岛繁荣而奇异的动植物。他就是华莱士，将在这片异国他乡度过八年的野外考察生涯。

华莱士的身世不可与达尔文同日而语，他出身贫穷，没有受过系统的高等教育，但他勤奋好学，年纪轻轻就通过自学而成为博物学家，二十一岁时成为一名大学教师。可惜的是，他比达尔文晚出生十四年。作为一名不幸的进化论先驱，他的命运就像年龄一样，一直落后于达尔文。

华莱士并没有被大学安逸而清闲的生活消磨了斗志，二十五岁的时候，他说服了年轻的昆虫学家贝茨陪他一道去南美亚马孙流域茂密的丛林中自费野外考察。贝茨是研究动物拟态现象的专家，"拟态"这个名词也出自他之手。华莱士在植物学方面造诣颇深，有了贝茨的帮助，他们就可以收集大量动植物标本，而标本在当时的英国可是值钱货，有些珍稀标本甚至可以像宝石那样卖个好价钱。华莱士希望可以借此改善自己的经济状况。

当然，作为一名在大学任教的博物学家，华莱士肯定还有科学方面的考虑，他在出发前就已对物种起源问题感兴趣，此行也可以借机寻找潜在的证据来证明他的某种想法。他相信，关于大自然的问题，只能向大自然去寻求答案。如果能顺便挣一大笔钱，那就再好不过了。

　　经过四年的艰辛采集，华莱士在美洲整理了大批珍贵标本，数量达到一万五千多件。由于受到疟疾的纠缠，他不得不决定回国。在回国之前，他听到了弟弟几个月前因黄热病去世的消息。华莱士忍住悲伤，携带着大批标本踏上了归国的轮船。但刚出海不久，另一场不幸随之而来：轮船失火，四年艰辛收集来的标本和资料付之一炬，华莱士差点儿命丧火海，好不容易才两手空空地回到了英国，非但没能改善经济状况，反而欠下了一屁股账。

　　顽强的华莱士并没有被命运打倒，他凭着良好的记忆力把在美洲的考察经历写成了一本书，对亚马孙流域的典型物种及生活史做了详尽介绍。这本书虽然没有引起太大反响，但华莱士已深信物种可变，只不过他还没有找到变化的动力。为此，他来到了东南亚的马来群岛。

　　马来群岛位于东南亚洋面，介于太平洋与印度洋之间，中国人习惯称之为南洋。它是世界上面积最大的岛群，由苏门答腊岛、加里曼丹岛、爪哇岛、菲律宾群岛等无数岛屿组成，沿赤道东西走向绵延伸展六千多公里，分属于印度尼西亚、菲律宾、马来西亚及文莱等国。因为地理环境特殊，群岛气温常年保持在21℃左右，降水充足，气候适宜。岛上丛林密布，野兽横行，飞鸟爬虫，各逞其能，无疑是博物学家的天堂。

　　在这里，华莱士发现了一个有趣的现象：西部群岛上的生物与亚洲大陆相近，胎盘动物众多；而东部各岛的生物与澳洲相似，有很多有袋类动物。东西之间的分界线，后来被命名为"华莱士线"。但那并不是华莱士在马来群岛取得的最大成就，其最大成就是提出了进化论思想。

　　来到马来群岛的第二年，华莱士就开始着手写一本关于物种变化的书，同时在《自然史年鉴杂志》上发表了一篇论文，题目是《论新物种发生的规律》，明确提出了现有物种是由相近祖先进化而来的观点。达尔文和赖尔都看到了这篇文章，达尔文主动写信给华莱士，表示"同意他写的几乎每一句话"，并告诉华莱士，自己也有一些相关的思想，但现在还不能确定正确与否。

　　从那时起华莱士就开始和达尔文有了书信交流。令人遗憾的是，在通信中达尔文没有向华莱士明确提到过自己的理论，只是告诉他自己在这方面的研究可能会走得更远，如果要让他理解自己的工作，可能需要很长时间。所以华莱士不知道达尔文到底是怎么想的，他一直认为只有自己才持有生物进化的观点。

　　作为后学，华莱士非常珍惜达尔文的鼓励，他曾兴奋地写信给好友贝茨谈起达尔文。他告诉贝茨，达尔文正在写关于物种和变异的作品，并已为此准备了二十多年。

　　但事情就此打住，达尔文并没有给华莱士更多的启发和帮助。华莱士依然独自在群岛上大量采集动植物标本，并探究火山、浅海和岛屿的成因，八年间总计行程两万多公里，收集了十万多件动植物标本。1858年，他在济罗罗岛上得了疟疾，不得不卧床休息。当他百无聊赖地躺在病床上时，和达尔文一样，他也想起了马尔萨斯的人口理论，然后突然想到了一个问题：为什么有些生物死掉了，有些却活了下来？答案似乎很简单，只有适应的才能活下来。就像他身染的疾病一样，只有最健康的人才可能康复；同样的道理，在自然界中，只有最强壮或最敏捷的动物才能活下来；当饥荒来临时，只有最好的猎手才能活下来。接着，华莱士继续推论，所有生物都可能发生变异而产生变种，而环境会清除适应能力较弱的变种，只有适应能力较强的变种才能活下来，并最终变成新的物种。这就是物种进化，而物种进化的终极动力，就是自然选择。

这一离经叛道的想法刚一出炉，华莱士就被震惊了。作为一名博物学家，他意识到了这个思想的重要性，在狂喜之下，他只用了三天时间就写出了一篇论文来论证这个观点，并迫切需要寻找一位同行讨论。不巧的是，他想到了达尔文。华莱士知道达尔文对进化论有兴趣，根据他的经验，能理解这个想法并能与之进行讨论的只有达尔文。于是，他就把那篇名为《论变种无限离开原始型的倾向》的论文寄给了达尔文。

华莱士并不知道，他以这种单纯的方式给达尔文带来了巨大的烦恼。

第**3**章

谁才是进化论之父

我们必须假定自然选择是正确的，因为其他所有的解释都非常令人失望。

——魏斯曼

1858年6月，隐居乡间的达尔文收到了远在地球另一端的华莱士的论文。论文只有四千多字，虽然写得不是很规范，字迹也因为激动而略显潦草，但内容并不难读，因为涉及达尔文正在研究的理论。这个理论可以解释世间一切生灵的起源与进化的机制，华莱士相信这个理论会让整个世界大吃一惊。

　　但华莱士没想到，首先大吃一惊的是达尔文。

　　华莱士的论文把达尔文想要表达的思想清晰地表达了出来，虽然不一定完全相同，但核心基本相似：物种是变化的，新的物种从旧的物种进化而来，只有适应的生物才能生存下去。这些想法与达尔文不谋而合。达尔文后来承认，华莱士独自形成的理论简直就是他将要完成的著作的摘要，而华莱士在论文中使用的词句几乎正是他想要创作的章节标题。

　　对于华莱士的论文，达尔文面临着两难选择：他可以推荐华莱士的论文抢在他之前发表，以后人们谈起生物进化论时，就很少会提起达尔文的名字，而只会提起华莱士。达尔文在"贝格尔号"航程中的发现以及二十多年来的辛劳都将变成辛酸的往事，永远埋在心里，无人感知。而如果不推荐华莱士的论文，又似乎是一件极不光彩的事情，达尔文贵族般的自尊心就会受到巨大的伤害。这种伤害不是来自别人，而是来自他自己。达尔文不明白，自己为什么会遇上如此惊人的巧合，那简直就是命运的捉弄。

　　苦恼无处排解时，达尔文只好写信给好朋友赖尔诉说自己的难处。他告诉赖尔，虽然华莱士没有说明要发表这篇论文，但他会写信建议华莱士发表，然后又万分痛苦地说出了自己的心事，他为之苦思冥想了二十多年的理论将要面临灭顶之灾，而后又心有不甘地指出，华莱士的论文对他来说，并无新鲜之处，他才是真正率先提出这一理论的学者，只不过论文没有拿出来发表而已，有多位科学界的朋友都可以为他做证，包括好朋友胡克。可是反过来，达尔文又非常担心，如果自己和华莱士争夺优先权，有一天可能会被后人鄙视，甚至被当成卑劣低贱的人。对于看重名声的绅士和知识分子而言，这实在是一道难以跨越的门槛。他甚至想到要焚毁自己所有的手稿，以此保全自己的一世清名。

　　他怀着矛盾的心情不断地给赖尔写信，反复诉说自己的苦恼，直言自己简直要瘫倒了，请赖尔无论如何要想出一个解决的办法。

　　就在同时，胡克也知道了这件麻烦事，毕竟他和赖尔都读过达尔文以前的那封信，于是两人一道利用自己在英国科学界的特殊影响力，为达尔文安排了一个折中的解决方案：要求达尔文立即整理一个简洁的文章纲要，和华莱士的论文同时于1858年7月1日提交给林奈学会，经他人宣读后在学会刊物上同期发表。

　　当时远在东南亚的华莱士对此一无所知，他仍然在马来群岛继续考察工作。因为路途漫长，当他收到达尔文的回信时，事情已经结束了。

1859年1月，华莱士给达尔文回了一封信，大度地表示同意胡克和赖尔的安排。华莱士告诉达尔文，对他来说，能和达尔文同时想到自然选择理论是非常荣幸的事情。需要说明的是，华莱士并不知道自己的论文已被发表。

有意思的是，这两篇同时发表的文章当时并没有引起什么反响，大概由于学术性杂志读者偏少，学术界对此也缺少准备，对进化论的意义还缺乏足够的认识。林奈学会在当年的年度总结中曾提到：这一年没有什么值得庆祝的革命性发现。

这件事的真正意义在于刺激了达尔文，从此他不再有任何拖延，仅用近一年半的时间就迅速完成了二十年来没有写成的文稿。按照原来的计划，他本来想写一部巨著来系统地表达自己的思想，后来他放弃了原计划，只能写一本相对简洁的著作来做个了结。

1859年11月，《物种起源》正式出版，全名为《物种起源：生命进化过程中自然选择或优势种生存的必然结果》。书一出版立即引起读者的高度关注和强烈兴趣，第一版一千多本当天就销售一空，十二年间再版六次，此后传遍世界，成为影响科学进程的重要作品。达尔文不但改变了人们对生物进化和自然科学的看法，包括对人类的看法，而且改变了人们的人生观和宇宙观。他也因此成为影响人类文明进程最重要的思想家之一。

有趣的是，在《物种起源》的最先几次出版中，达尔文经常提起华莱士的贡献，并称进化论是他和华莱士共同的孩子。但越到后来，他在再版时提起华莱士的次数就越少。华莱士的名字终于和古生物学化石一样，成了人们谈论自然选择时偶尔提及的往事。

关于这一公案，至今仍有人指责达尔文对华莱士不公，甚至涉嫌抄袭。不过华莱士本人对此却一向大度，他率先承认，自己的那篇论文如果没有达尔文的影响将很难发表，即便发表，事实证明，也没有产生什么巨大的影响。进化论的完善和传播，仍然要归功于达尔文的《物种起源》。所以华莱士理智地把进化论的优先权让给了达尔文。他亲自写信给达尔文说："我将永远坚持进化论是您个人的成就。"

《物种起源》出版并引起轰动的时候，华莱士仍在马来群岛，一直到1862年才回到英国，后于1869年整理出版了考察传记《马来群岛》。出版商为了畅销，给这本书加了一个耸人听闻的副标题：红毛猩猩与天堂鸟的故乡。这本书销路很好，却并不是一本关于自然选择的书，倒更像是一本地理学著作。书中记述了他在森林茂密的群岛间流浪和考察的所见所闻，描述了当地奇异的自然景观、动植物异事和土著趣闻。由于图文并茂、内容丰富，这本书后来也一直畅销不衰，至今仍然具有非凡的学术参考价值。

据说《马来群岛》初版时，华莱士为了避免被人误认为是在和达尔文的《物种起源》争风头，特意将此书献给达尔文，以表达对他的敬意。为了表明自己的心迹，华莱士甚至专门出版了一本进化论专著，书名就叫《达尔文主义》。这一名词一直沿用到了现在，成为自然选择进化理论的代名词。

由此可见，华莱士主动退出了与达尔文的竞争，这一段故事也成为科学史上有关大度和谦让的著名轶事。

那么，公允地说，华莱士让出进化论优先权到底亏不亏呢？

　　有专门的科学史研究者指出，华莱士当年提交给达尔文的论文中提出的理论与达尔文的观点还是有所区别的。区别很微妙但也很重要，不过达尔文当时可能并没有注意到这一点，否则他就不会有那么多的烦恼了。

　　根据华莱士的观点，他眼里的环境是一手拿着标杆、一手拿着砍刀的冷血暴徒，凡是不符合标杆要求的生物变种全部被砍掉，也就是被自然淘汰，符合标杆要求的生物一律不需要紧张，也就不存在竞争。根据这种机制，只要标杆不变，物种就不需要改变，当然也不能改变，因为凡是改变的都被砍掉了。所以，只有环境发生变化，物种才能随之发生变化并遗传下去。因此，环境变化是物种变化的前提。现代进化论学者认为，华莱士的这一观点其实算不上是严格和正确的自然选择。

　　而达尔文的理论与此不同。在达尔文眼里，环境并不是手拿标杆的暴徒，甚至根本不设标准，更不会动手砍杀，而只是无动于衷地站在那里。砍杀的工作由生物自己完成。但环境有一个容量，只容许一定数量的生物存活，至于谁存活下来，由生物本身互砍的结果决定。

　　一个不一定确切但更容易理解的比喻是，华莱士开了一所学校，这个学校有一个入学分数线，凡是达到分数线的一律可以入学，且人数不限，上线就录取。这就出现了一个问题，凡是有把握拿高分的聪明孩子，基本上就不需要再参与竞争。

　　达尔文也开了一所学校，与华莱士不同的是，达尔文的学校不设分数线，但招生数额有限，而且招生人数变动较大。为了尽量排名靠前，考生只有不断竞争，每一个考生和其他考生都是竞争对手，因为谁也不知道这个学校要招多少人。所以，这是一场没有终点的持久战，那才是自然选择的要旨所在。

简而言之，华莱士认为，自然选择只发生在变种之间，原本已经适应了环境的物种就不再需要竞争。达尔文则强调，所有个体一直处于不断竞争的状态，普天之下，概莫能免。

基于此种分析，华莱士当年提交给达尔文的论文要比正版的达尔文理论低一个档次，甚至算不上是纯正的自然选择理论。所以，华莱士也没有多亏。现代科学史已经给了他充分的地位，在谈到进化论的创始人时，总是不忘提及华莱士，把他视为进化论的先驱之一。

麻烦的不是华莱士，而是另有其人。

当达尔文因为进化论而暴得大名之后，居然有人不自量力，试图掠夺达尔文的成果，声称自己才是进化论的创始者。为此，达尔文毫不客气地嘲笑道："要给这些人的观点总结出一个明确的思想，实在是太难了。"

对于拉马克，达尔文却没有办法一笑了之。拉马克虽然没有机会与达尔文直接竞争，但后来的法国人从来没有放弃，他们不断发展拉马克的理论，直到推出了新拉马克主义与达尔文的理论相抗衡，论战一直持续到现在。

不过拉马克也不足以威胁达尔文的优先地位，因为拉马克的理论和达尔文的理论有着天然的不同。拉马克虽然承认生物进化，但在进化的机制方面，几乎与达尔文截然相反。

首先，达尔文明确并充分证明了生物是变异的。其次，达尔文认为变异的方式是不断地渐变，他强烈反对跳跃式的突变。此外，达尔文相信所有生物都有强大的繁殖能力，后代数量之庞大，大大超过了自然承受力，所以后代必经大量淘汰，这是生存竞争的根源。而不同的后代对环境有着不同的适应能力，能适应环境的才会成功，并把优势遗传给下一代，否则就会被淘汰。此即所谓"适者生存"。有资格对生死做出裁决的只有大自然，是大自然无处不在的巨大力量，无时无刻不对所有的个体进行着严格的筛选，这就是"自然选择"。

根据达尔文的理论，进化不需要目的，也没有目的。拉马克则不然。就好像是百米赛跑，拉马克手下的所有运动员都认准了百米终点用力冲去，他们有明确的目标，所以有着强烈的动机。达尔文的运动员跑得也很快，但与拉马克的运动员不同，达尔文的运动员全部被蒙住了眼睛，然后向四面八方乱跑，只有凭运气跑到终点的运动员才是赢家，其他人全部被淘汰，就算跑得再快也没有用。

不过达尔文理论与拉马克理论之间的细微差别很难察觉，稍不留心就会混在一起，就算达尔文自己有时也会犯错。他在《物种起源》中居然时不时地冒出拉马克的思想，比如关于盲肠之类的退化器官，达尔文就在向拉马克学习，他认为那是用进废退的结果，某些不经常使用的器官经过世代相传，最后就会退化。为此他还举了很多例子，比如太平洋岛屿上的一些鸟，因为没有捕食的天敌，所以不需要费力地飞来飞去，结果翅膀没有了用武之地，长期缺乏练习，最后再也飞不起来了。

达尔文之所以对拉马克理论保持暧昧，是因为缺乏科学的遗传学知识，导致他对拉马克理论认识模糊，所以时而出现摇摆，对很多生物现象的解释其实是错上了拉马克的旧船。因为拉马克理论特别容易理解，而且在表面上看起来，似乎也和实际情况相吻合。比如在暗无天日的洞穴中生活的动物，由于长期见不到光线，它们的眼睛没有什么用处，于是日益萎缩，最终消失了。这似乎正是典型的用进废退和获得性遗传。达尔文在《物种起源》中曾专门介绍了裸鼹鼠等穴居动物的眼睛退化，然后说："这种眼睛的状态很可能是由于不使用而渐渐缩小的缘故。"但他还不甘心彻底放弃自然选择的作用，所以接着又说了一句："不过恐怕也有自然选择的帮助。"

真实的情况是，这仍然是自然选择在起作用。在黑暗的环境下，当眼睛不能给动物提供生存优势时，反而会变成劣势，因为眼睛经常发炎，加上地下生活的营养跟不上，所以，眼睛退化的变异体反而更容易生存。而埋在皮下残存的眼睛在感知方向方面仍起到重要作用，所以不能彻底消失。

但达尔文当时并没有认识到这一点，所以时常出现动摇。他不断运用获得性遗传和用进废退原理来解决一些难题，甚至被新拉马克主义者引为知己。达尔文甚至与拉马克一样，承认"知识的遗传"。正因为如此，拉马克的支持者抓住了把柄，反复声称达尔文抄袭了拉马克的思想，借此主张拉马克的进化论优先权。

其实，达尔文已经意识到了拉马克理论的缺陷，所以对另外一个例子做出了完全不同的解释，那就是海岛上的昆虫，它们大多双翅残缺退化，因而丧失了飞行能力。达尔文认为，完整的翅膀并不能帮助昆虫飞行，反而会变成飞行的障碍，因为小小的昆虫远远压不住强劲的海风，翅膀越是完整，被吹进大海的危险就越大，再也难以逃回生天。于是残翅对于海岛昆虫来说反而是一种优势。而这种性状是基因突变而来的，并非翅膀不使用而导致的残疾。

1937年，一位法国遗传学家无意间用有翅果蝇和无翅果蝇做了一次对照观察，证明了这一理论。在海风强劲的地方，无翅果蝇的数量迅速超过了有翅果蝇。但在避风的海面，有翅果蝇生长正常，而无翅果蝇作为病态，很快就被有翅果蝇在数量上压倒，并最终消失。

在更多的例子中，达尔文则旗帜鲜明地反对拉马克的解释。比如，拉马克认为生物具有根据内在意志而不断自我完善的能力，比如马，从多趾向单蹄的演变过程就是自我完善的过程，这种向着某个特定方向的进化，就叫作定向进化。而达尔文不认为动物具有定向进化的潜质，当然也不具有自我完善的能力。所有的变化都只是自然选择不断保留有利变异的结果，是淘汰过程的积累，由于不断淘汰其他性状，最后保留的性状才表现出了定向进化的假象。如上所述，海岛上的残翅昆虫并不是定向进化的结果，而是因为有正常翅膀的昆虫都被海风淘汰掉了，最终表现却像是在定向进化。基于此种认识，达尔文坚决反对目的论——没有定向，所以没有目的。既然没有目的，当然也就没有预设目的的神灵存在。在达尔文的理论中，自然选择就是进化的动力，甚至可能是唯一动力，因而把生物内在"意志"的力量彻底排除在外。达尔文认为，凡是对动物的"意志"有所依赖，就必然会滑向"神的意志"的深渊，最后与科学分道扬镳。

但达尔文对拉马克的批判只停留在理论层面，没有展开实验研究。代替达尔文完成这个任务的，是德国著名动物学家魏斯曼，他是达尔文的忠实追随者。为了否定拉马克的理论，以确保达尔文的优先权，魏斯曼曾做过一个有趣的实验：他养了一批老鼠，然后坚持不懈地把每一代老鼠的尾巴都切下来，连续切了二十多代，结果发现，老鼠后代尾巴的长度并没有受到任何影响，新生小鼠仍然长有长长的尾巴。据此结果，魏斯曼认为自己彻底否定了拉马克的"用进废退"和"获得性遗传"理论。

其实这个实验设计得并不完美，老鼠的尾巴是被"切掉"的，而不是环境造成的。也就是说，老鼠并没有不"需要"这个尾巴，被切掉尾巴的悲剧也不能称为"获得性"，而只是"强加性"。

这个错误的实验的结论却是正确的，那就是"获得性"并不能遗传。为了全面驳倒拉马克，魏斯曼还提到了中国旧时妇女的裹脚现象。中国旧时妇女长期存在裹脚的习惯，却并没有让后代的脚变得更小一点儿。其实还有一个更有力的证据魏斯曼没有想到，那就是处女膜一代一代被顶破，但女人们仍然保留着那一层小小的膜。在这件事上，并没有什么遗传发生。

拉马克的反对者还提到了铁匠和他们的儿子：铁匠天天打铁，所以肌肉都相当发达。但是没有证据表明，铁匠儿子的肌肉也会因此变得发达。铁匠辛辛苦苦打铁锻炼出来的一身好肌肉并没有遗传下去，除非子承父业，儿子们继续打铁。

随着达尔文的影响越来越大，拉马克的观点遭到了越来越多的批评。其中有个简单的逻辑，如果真的存在获得性遗传，人类就会出现大量残疾人，由于战争等各种原因，缺胳膊断腿的悲惨故事实在是太普遍了。而且，还有一个更严重的问题，衰老算不算是获得性呢？如果是，岂不是小孩一生下来就成了小老头了？

这个问题虽然有些无赖，却击中了拉马克的要害。

从这种意义上说，拉马克对达尔文的优先地位也构不成威胁。但达尔文当时并不这么认为，他对拉马克充满了戒备，甚至反复声称自己没有读过拉马克的原著，只是通过其他途径了解了拉马克的观点。不过他仍然赞扬拉马克是"第一个在物种起源的研究上取得了一定成就的人，这一成就对于后人的研究有着巨大的推动作用"。达尔文认为，拉马克开始把上帝的作用排除在外。但这种表达并不意味着达尔文尊重拉马克，相反，他像居维叶一样对拉马克展开了无情的讽刺。尽管在达尔文的著作里时常能看到拉马克主义的影子，但他刻薄地抨击拉马克的作品说："这些著作确实毫无价值，我从中没有汲取到任何事实依据或有益的观点。"但有的时候，达尔文又会非常公允地说："我得出的结论和他的结论相差并不太大，虽然进化的方式彼此全然不同。"

比达尔文更紧张的是自然选择进化论的支持者，他们生怕拉马克抢走达尔文的优先地位，所以一直在做一件艰苦的工作，那就是清除达尔文理论中的拉马克因素。而拉马克的支持者也一直在寻找达尔文理论的漏洞，两派争论的背后，其实隐藏着法国人对英国人不屈不挠的抗争精神。

事实上，对达尔文的进化论优先权构成威胁的并不止华莱士和拉马克两人。在欧洲，特别是在法国和德国，总有人声称达尔文不是进化论的先驱。除了法国推出的拉马克，德国也推出了自己的代表，而且同时推出了两位，一个是数学家莱布尼茨，另一个是诗人歌德。

那么，这两个看起来和进化论八竿子打不着的人，是怎么和进化论扯上关系的呢？

　　莱布尼茨最为人所熟知的科学成就是独立发明了微积分，而且提出了二进制，在数学领域的地位无人怀疑。但很少有人知道，他对生物学也很感兴趣。莱布尼茨有一句名言："大自然不做跳跃。"这句话可以看作是渐变论的经典表现，其实是受到微积分思想影响的结果。他相信所有大的变化都来自小的变化的积累。根据这一原则，莱布尼茨对生物化石的断层现象给出了自己的解释，他认为许多物种都已经灭绝了，还有许多物种发生了形态变化，这些变化都是缓慢发生的，顺着变化向前追溯，就会发现不同的生物曾经拥有共同特征，或者说，不同的物种可能曾经属于同一个物种。

　　客观而言，这个观点非常接近达尔文的理论。不同在于，莱布尼茨比达尔文早了一百多年。德国人正是因此才认定，莱布尼茨才是进化论的创始人，达尔文只不过是步其后尘而已。

　　然而，莱布尼茨最大的缺陷在于，他的根本意图并不是论述物种进化。在他看来，所有的生物进化都在按照上帝的计划进行，并且已经全部完成。也就是说，进化是过去式，现在的生物已经停止了进化，因为他在现实生活中没有观察到进化现象。莱布尼茨用这个理念来解释大量复杂的化石现象，同时又与《圣经》保持着微妙的一致。从这种意义上说，莱布尼茨最多代表着进化论思想的萌芽，要想以此威胁达尔文的地位，恐怕还差得很远。

　　令人意外的是，真正对达尔文构成威胁的，其实是诗人歌德。指出这一点的，恰恰是达尔文自己。

　　为了缓解宗教力量对于《物种起源》的攻击，达尔文在书的开篇就拉了许多名人为自己撑腰，其中最重要的人物当属古代的亚里士多德和近代的歌德。

　　因为亚里士多德所处的时代还没有《圣经》，所以几乎没有受到神创论的影响，他曾经在《听诊术》一书中指出："下雨并不是为了使谷物生长，也不是为了使谷物受淹。"这个观点在生物结构中同样适用，比如：门牙锋利，可以切割食物；臼齿圆钝，适于咀嚼。这种结构似乎有着某种目的，其实不然，那只不过是巧合，不过是由于符合某种作用而被保存了下来，不具备此类结构的生物都已灭绝了，或者正在走向灭绝。

　　尽管亚里士多德的语意含糊，但这段论述着实惊人，基本就是自然选择的原始版本，所以达尔文对此进行了高度评价，他承认："这里我们已经可以看到自然选择论的萌芽。"

　　两千多年前的亚里士多德能够萌生自然选择思想，与古希腊的逻辑思辨习惯有关。亚里士多德开启了一种传统，他不再只是关注"如何（how）"，而是开始关注"为何（why）"。那是两种完全不同的问题，并将引发完全不同的思考，且往往更有深度。比如地球如何绕着太阳旋转和地球为何绕着太阳旋转，就是两个完全不同的问题。亚里士多德关注的，其实就是所谓的终极追问。

　　而进化论正是回答终极追问最好的科学体系，所以亚里士多德具有原始的进化论思想并不奇怪。不过平心而论，亚里士多德本人并没有意识到这一点，当时的古希腊习惯以静态的观点看待生物，亚里士多德也不例外，他在本质上是反进化的。不过那并不是他的错，因为他还没有上升到更高的知识层次，他缺少相应的知识积累。

　　真正让达尔文吃惊的，其实是歌德。

　　歌德在当时欧美地区的名声已是如日中天，《少年维特之烦恼》让他家喻户晓，《浮士德》又让他几乎封圣。当歌德于1832年3月去世时，默默无闻的达尔文还在"贝格尔号"上承受着晕船的痛苦。达尔文对歌德肯定充满了景仰，因为歌德不但在文学领域独领风骚，在科学领域也著述颇丰，甚至对达尔文极具启发。达尔文之所以在《物种起源》中提到歌德，是因为歌德曾经思考过"牛怎样长出角来"这样的问题，其中隐含着进化论思想的苗头。

　　歌德就像当时的其他贵族一样涉猎广泛，在自然科学方面深受布丰的影响。他曾经说过："我不应把我的作品全归功于自己的智慧，还应归功于我以外向我提供素材的成千成万的事情和人物。"布丰的《自然史》也是素材之一。歌德在布丰的影响下，不再满足于当一名诗人和文艺理论家，同时还想成为博物学家，并对物理、化学、生物学以及显微镜等产生了浓厚的兴趣。这些兴趣并没有停留在口头上，歌德积极展开了大量研究，不过研究成果极少为人知晓，因为其中的内容，不能说是全部，至少大部分都是错误的，毕竟他的本行是文学。比如他曾经决定打倒牛顿的光学，以此在自然科学界一战成名，但结果大家都知道了，牛顿的光学至今仍然是经典，没有人再提起歌德的光学研究。不过歌德对此并不甘心，他在晚年写的一篇自传性文章中特意提到了自己的科学研究，题目就是《作者宣布自己从事植物学研究的历史》。他在文章中正式对外宣称，自己不仅是个诗人，还是个博物学家。后来人们发现，歌德早在1790年就出版过一本《植物的变态》，还有《比较解剖学引论初稿》，在这些作品中，确实流露过生物进化的观点，可以看作是朴素的进化论思想。

　　当居维叶和圣提雷尔在巴黎科学院展开论战时，歌德已有八十岁高龄，而且当时法国大革命正如火如荼地进行着，他却在1830年给朋友的信中表示，自己非常关注巴黎科学院论战，并且完全支持圣提雷尔的观点。圣提雷尔得知歌德的态度之后，感动得老泪纵横。在此后的文章中，圣提雷尔一直把歌德与牛顿和布丰等人相提并论。达尔文也正是通过圣提雷尔的文章，才注意到了歌德的研究。

后来，幸好歌德把注意力放在了创作《浮士德》上，要不然德国人肯定要说歌德才是进化论的先驱。事实上他们已经这么做了，最先表达这个观点的，是提出"一切细胞来自细胞"的著名德国生物学家魏尔肖。尽管现代科学史已经指出，魏尔肖可能偷窃了他人的细胞研究成果，但他对这个理论的传播无疑起到了推动作用，同时也使细胞学说更加深入人心。

魏尔肖在德国的影响几乎和布丰不相上下，他强烈支持歌德才是进化论的先驱，至少可以与达尔文相提并论。为魏尔肖摇旗呐喊的，是另一位博物学家海克尔。虽然海克尔忠实地追随达尔文的理论，但对于歌德的吹捧同样不遗余力，他直接把歌德奉为达尔文的引路人，甚至是物种起源理论的共同创建者。正因为如此，海克尔才将自己的专著《普通形态学》献给达尔文、歌德和拉马克。因为他觉得这三个人在进化论方面的成就不相上下。而且歌德还排名在拉马克的前面，因为歌德是德国人，海克尔也是德国人。

但德国学者对歌德的追捧也遭到了其他学者的强力反击。特别是在历史渐渐模糊之后，所有资料在不断湮灭，反击的力度却越来越强烈。

反对者认为，无论是魏尔肖还是海克尔，他们的观点都经不住推敲。歌德的话能信吗？他就是个诗人，诗人讲究各种意境，表象都很模糊，根本不能对真实的生物进行客观的表达。歌德事实上不但不是进化论的先驱，反而支持物种恒定观，是林奈的支持者。如果真要划分阵营的话，歌德其实属于反进化论阵营中的重要人物。事实上歌德在骨子里是泛神论者，并有着深刻的目的论思想，而且他根本没有意识到时间在进化中的重要性，而只是注意到了物种在空间排列上的不同，因为他没有研究过化石。就算歌德的文章中出现了一点儿变化的苗头，跟进化论也相差甚远，他根本没有提到过选择机制，而自然选择才是达尔文的重点。歌德最多也只能说是在通往进化论的路上。在诗歌以外，他永远也不可能达到达尔文的高度。

1922年，德国诺贝尔生理学或医学奖得主迈尔霍夫公允地指出，把歌德视为达尔文之前的进化论先驱，实在是一个天大的误解。这个评价，基本起到了一锤定音的作用。从那以后，德国人再也不好意思说歌德是进化论的先驱了。

至此，关于进化论优先权的争论，基本上可以说是尘埃落定。达尔文的地位无人能够撼动，也不可能撼动。

无论是拉马克还是圣提雷尔，或者是莱布尼茨和歌德，都不是进化论先驱的合格人选，但他们至少可以证明，在达尔文之前，生物进化的思想其实已经呼之欲出了。达尔文就是那个捅破窗户纸的人，他终于看到了外面的风景。

达尔文理论的真正价值，并不在于进化，而在于自然选择，也就是为生物进化找到了自然的动力，而不是超自然的动力，那才是达尔文的真正伟大之处。

　　自然选择理论是人们对自然不断探索和思考的必然结果。一旦人们认识到自然选择的力量，就可以排除上帝的干预，为人类理解自然提供真正科学的视角。当上帝被排除在生物科学之外时，其他学科也受到了不同程度的影响，以至于整个科学界都不断走上了正确的轨道。

　　尽管如此，这条道路注定不会一帆风顺。《物种起源》刚刚出版，就在科学界掀起了一场轩然大波。人们争论的焦点只有一个，那就是《物种起源》到底靠不靠谱。

第 **4** 章

物种起源的逻辑

达尔文的理论就像是漫长黑夜中的一盏明灯，为所有渴望了解自然规律的人指明了方向。

——华莱士

有人讽刺《物种起源》说，这本书除了没有探讨物种起源，几乎什么都谈到了。事实也确实如此，达尔文用他特有的细致文风从地质学、解剖学、植物学和动物学等各个方面来论证进化思想，把所能想到的例子，比如冰山形成、鱼的化石、鸽子的驯养、俄罗斯蟑螂等，都不厌其烦地列举了一遍。不仅如此，达尔文还在书中提到了很多大家熟知的生物，比如对猫和老鼠的关系等进行了详细论述，给人耳目一新的感觉。尽管内容繁杂，但主要围绕两个主题展开：第一个主题是，物种不断变化，缓慢地适应环境，且变化可以遗传；第二个主题是，自然对物种做出选择，适者生存。

　　《物种起源》的最为可贵之处，就在于坚定强调自然选择的力量。达尔文认为，自然选择每时每刻都在检验着地球上的每一个物种，不会放过任何一点儿最微小的变异。但是大自然悄无声息地工作着，以至于人们感觉不到自然选择的存在。静谧的湖面可以给人带来内心的安宁，晚霞映照下的山河大地和谐而壮丽。表象背后，自然之手一直在漠然地工作着，不停地淘汰着错误的变异，保留应该保留的物种。由于过程漫长而沉默，短时间内很难察觉，直到时间的长河把古老的化石展示在人们面前，自然选择的威力才会被人类所认知。从体型庞大的恐龙到遍布世界的三叶虫，都在默默诉说着自己悲惨的遭遇；从单细胞到哺乳动物的不断递进，直到自认为是万物之灵的人类的出现，也一再展示了自然选择的精确和独断。我们就这样被身不由己地带到了这里，无能为力、别无选择，回头一望，早已物是人非、山海变幻。唯一不变的，就是所有物种都要不断化为灰尘，再被后来者重新收集，一次次重新加入进化的长河中。所有物种都深陷在这循环之中，反复轮回，无处可逃。

达尔文在书中明确提出了生存竞争的概念，但又反对过分强调竞争，因为他看到了生物之间也有相互依存的关系，而不是简单的你死我活。没有哪种生物可以成为角斗场中仅存的胜利者，因为那意味着下一秒的死亡即将来临。

为了说服读者，达尔文举了这样一个例子：英国熊蜂是唯一可以为红色三叶草传粉的昆虫，只有它们才能钻进花蕊里面去。而熊蜂的数量又受到田鼠的控制，因为田鼠经常破坏熊蜂的蜂巢，让它们无家可归。至于田鼠的数量，当然取决于猫的心情和肚量了。如此一来，猫虽然对三叶草完全不感兴趣，但确实可以影响到三叶草的生殖大业。这就是互相适应现象，有时可以表现为种间利他行为，也就是一个物种的行为会帮助到另一个物种。但从猫的内心来说，它们吃田鼠的目的，绝不是为了替熊蜂报仇。

在猫吃田鼠这个问题上，具备了达尔文所说的生存竞争的两层含义：一是猫和田鼠的竞争，猫肯定是要用尽心机多吃田鼠，而田鼠要耍尽聪明避免被猫吃掉，经过世世代代反复演练，猫变得牙尖爪利，走起路来悄无声息；二是田鼠的打洞与逃跑技术也越来越高明，否则一不留神就会成为猫的美食。这就是种间竞争。而猫与猫之间、鼠与鼠之间也存在竞争，这叫作种内竞争，比如雄猫总想吃掉更多的田鼠，同时也总想独占更多的雌猫。当所有雄猫都这样想时，雄性竞争就在所难免，而雄性竞争是种内竞争的重要形式。

这种猫鼠游戏，深刻体现着自然选择的力量：行动拖拉缺乏激情的猫，以及那些懒惰透顶不想费力打洞的田鼠，要么会被饿死，要么会被吃掉。大自然就是通过这种代理的方式工作着，优胜劣汰，适者生存。

不过，在更加复杂的竞争游戏中，比如人类，竞争套路当然不会如此单一，赤手空拳打天下的时代已经过去。猎人可能会结成某种联盟，以确保捕捉到更多的猎物，表面上看起来就像在演绎一场志同道合的经典传奇，其间会有忠诚、牺牲，当然也会有背叛，以及由此引发的惊心动魄的铁血复仇。

达尔文甚至注意到了中性变异，就是有些变异既不带来优势，但也没多大坏处。达尔文对此有一个奇怪的视角，他认为中性变异是造成生物多样性的原因之一。逻辑是这样的：如果一个生物出现了一点儿中性变异，但对生存没有影响，然后又出现了一点儿变异，还是没有影响，那么长此以往，同一种生物不断积累中性变异，就会变得彼此不同，直到变成了两种生物，这就是物种分化，因此中性变异可以增加生物的多样性。

按照这个逻辑，达尔文进一步推导出了另一个重要思想：所有生物都有一个共同的祖先。现在的世界之所以出现各种各样的生物，只不过是长期物种分化的结果。这个观点当时主要依靠达尔文的大脑实验，并没有证据支持，最接近的证据是不同的哺乳动物具有相似的胚胎阶段，似乎表明它们都有共同的祖先；另一方面，胚胎发育过程又彼此不同，却又有点儿令人费解。达尔文给出了解释，但仍然令人费解。不过反过来考虑就比较有道理：如果不同动物的胚胎发育过程也完全相同，那么生出来的就是同一种动物。所以，胚胎发育过程的差异是造成物种多样性的重要途径。这种差异本来也应该是连续的，但有些中间类型被大自然淘汰掉了，所以出现了狗和猫这样明显不同的物种，而很少看到半猫半狗的怪物。

但是，达尔文的这个推论后来遇到了很大的麻烦。因为生物不断发生微小的变异，在理论上其实是行不通的，因为相似的动物可以到处乱跑，而且微小的变异不足以产生生殖隔离，彼此可以相互交配，就会出现各种各样的怪物，而不是生出像猫和狗这样相对稳定的动物来。达尔文没有解决这个问题，直到后来的综合进化论才给出了漂亮的解决方案。

在没有大量化石的前提下，达尔文还运用演绎法论证了生物进化的过程必然是连续的，他坚决不承认存在巨大的突变，并用一句简洁的"自然界没有飞跃"来加以强调。这就是"渐变论"的核心思想，也是达尔文的另一个重要原则。

达尔文对渐变论的过度强调，反倒成为被攻击的要害。因为只要废掉了渐变论，就等同于废掉了自然选择。进化论的支持者不得不费尽心力地寻找合适的理论来化解这些非难。围绕着渐变论展开了大量论战，后文会加以详细介绍。

当然，达尔文不可能在《物种起源》中解决所有生物问题，他承认无法解释人类的智力现象，也无法解释某些复杂的人体构造，比如眼睛和大脑等。在《物种起源》的最后，他特意提到了寒武纪物种大爆发，并且承认，如果这一问题不能得到很好解决，将严重影响进化论的正确性。

《物种起源》引发的另一个争论是，达尔文的论证方式与以前的科学家完全不同。此前科学界推崇的推理模式是培根的归纳法，就是在实验基础上大量采集资料，然后对资料进行总结归纳，最终得出一个简洁的结论，这就是新的知识。培根曾提出"知识就是力量"，他在科学界的地位有目共睹，他的归纳模式在科学界也极具影响力，甚至被认为是科学工作的基础。

归纳法有两条基本原则：一是研究人员不能有任何先入为主的概念，不应该有着强烈的想要看到某种结果的欲望，甚至都不要去预测可能出现的结果，否则将会干扰结果的正确性；二是不要在资料不充分的时候急着得出一般性的结论。

达尔文的理论不是触犯了其中的某一条忌讳，而是同时触犯了上述两大忌讳。

《物种起源》并没有采用归纳法，而是采用与归纳法截然不同的演绎法，就是先建立一个假说，然后在此基础上进行演绎，进而推导出新的认识，再到自然界中寻找证据，如果找到了，假说就得到了验证。达尔文对这种研究模式得心应手，在当时却被认为是伪科学模式。他因此受到了猛烈的抨击。不过现在已经得到了平反，演绎法与归纳法一样，都是科学研究的重要方法，有时甚至更具有说服力，而且效率更高。

不管怎样，《物种起源》总算取得了成功，畅销就是一个明证。达尔文因此而挣了许多稿费，不过他在自传中总结《物种起源》成功的原因时，并没有太多沾沾自喜，而是归功于书稿写得很短，只是他原计划要写的大部头的纲要，这一变故又部分得益于华莱士的逼宫。达尔文认为，一旦书稿写得很短，就只能选择一些有趣的事实来描写，然后导出应有的结论，全书读起来反而更加简洁流畅，更具可读性。为此达尔文还有点儿后怕，假如按照原来的规模来写，大概要多出四五倍的内容，那样就太厚了，极少有人会耐心读完，影响自然会大打折扣。

达尔文对有些人强加于他的指责非常不满，比如有人批评说："《物种起源》的成功表明，这种思想本来是众所周知的，或者大家早就准备接受这种思想了。达尔文只不过抢先把这种思想总结出来而已。"此类说法让达尔文很受伤，他曾委屈地辩解道："我偶尔接触过一些自然科学家，碰巧没有一个怀疑物种不变的。甚至赖尔和胡克，虽然他们都乐于倾听我的观点，但他们似乎从来没有表示过赞同。我曾经向一些有才能的人一次或两次解释我的自然选择观念，但完全以失败告终。"达尔文的辩白其实是想告诉大家：在这本书出版之前，还有很多人，包括一些高水平的专家都不相信物种是进化而来的。因此，在自然选择理论的宣传推广方面，《物种起源》功不可没，绝不是可有可无的一本书。

《物种起源》还面临着另一个批评。达尔文在第一版中并没有列出包括他祖父在内的进化理论的先驱名单。批判者避开学术争论而摆出了道德姿态，指责他抄袭别人的思想却没有列出参考文献，这是不折不扣的学术瑕疵。后来达尔文不得不在第三版中加进了一个简要回顾，列出了三十多位学者，以及与生物进化有关的一些拉拉杂杂的观点。

无论如何，《物种起源》成为当时社会的热点，各色人物怀着各种目的在读这本书。他们的视角不同，反应也各不相同。唯物论者马克思和恩格斯以最快的速度读完了达尔文的著作。马克思曾给恩格斯写信说："这本书虽然写得很粗率，文采也一般，但为了阅读这本书，粗率的英国式的阐述方式当然必须容忍，因为这本书可以为唯物主义提供必要的自然史方面的支持，并给目的论以致命的打击。"

其实，马克思对进化论的社会价值仍抱谨慎态度，并反对把自然选择概念引入到社会主义学说中。

据说，马克思曾向达尔文题赠了《资本论》第二卷。为了压低马克思的地位，人们又说达尔文拒绝了他的好意。不过这个传说缺乏事实根据，因为达尔文确实收藏有一本马克思赠送的《资本论》。在扉页题字中，马克思称自己是达尔文"真诚的钦慕者"。可惜的是，达尔文看不懂德语，所以并没有阅读此书。大概当时送书给他的人也确实太多了。

1859年12月，恩格斯给马克思写信，表扬《物种起源》是一本非常有意义的著作。恩格斯认为，至今还从来没有过这样大规模的证明自然界的历史发展的尝试，而且还做得这样成功。此后，恩格斯在《自然辩证法》和《反杜林论》等著作中不停地提到达尔文的作品，不吝给予高度评价。很明显，达尔文的自然观对于计划建立一个无神论的政治体系的思想家来说，在理论上是极有帮助的。无论达尔文本人意愿如何，进化论本身无疑是共产主义对抗神创论者的天然盟友。

恩格斯在《自然辩证法》中指出，不管这个理论在细节上还会有什么改变，但是总的说来，它现在已经把问题解答得令人再满意不过了。机体从少数简单形态到今天我们所看到的日益多样化和复杂化的形态，一直到人类为止的发展系列，基本上是确定了。并且，恩格斯还从专业的角度展开了探讨，他认为，由于过度繁殖的压力而发生的选择，在这里也许是最强的首先生存下来，但是最弱的在某些方面也能这样。由于对变化了的环境有较大适应能力而发生的选择，在这里生存下来的是更能适合这些环境的，但是，在这里这种适应总的说来可以是进化，也可以是退化，例如对寄生生活的适应总是退化。

百科全书式的恩格斯用他那超级脑袋扫描《物种起源》时，也看到了其中存在的不足。他曾明确表示：虽然同意进化论，但对于生存斗争和自然选择的意义仍持保留意见。他认为这一理论还很不完善，因为达尔文没有强调合作的重要性。

恩格斯甚至极具专业眼光地指出：达尔文在说到自然选择时，并没有考虑到引起单个个体变异的原因，也没有清楚地说明这种个体的偏离怎样逐渐成为一个品种、变种或种的特征。虽然恩格斯不是生物学家，但毫无疑问，这个聪明的"大胡子"的判断是正确的，当时达尔文确实不具备必要的遗传学知识。

不过，恩格斯也对达尔文的理论可能产生的副作用表达了担忧，他指责达尔文的生存斗争学说，不过是把一切人反对一切人的战争的学说和资产阶级经济学的竞争学说，以及马尔萨斯的人口论从人类社会搬到生物界而已。变完这个戏法以后，再把同一理论从有机界搬回历史，然后就断言仿佛已经证明这些理论具有人类社会的永恒规律的效力。为此，恩格斯抨击达尔文是蹩脚的自然科学家。尽管如此，这些批评并不妨碍恩格斯把进化论与能量守恒定律、细胞学说并称为19世纪自然科学的三大发现。

恩格斯对进化论的不满，其实表达了对社会达尔文主义的担心。事实证明，恩格斯的担心是有根据的，因为社会达尔文主义在当时已相当有市场。斯宾塞明确指出：穷人是社会中的"不适"者，应该被自然淘汰掉，所以政府不必对他们施以救助。

恩格斯认为生物间的关系很复杂，既包含有意识的和无意识的合作，又包含有意识的和无意识的斗争，而不能一概用生存竞争来加以解释。这也是伟大的社会主义理论的思想核心之一。

作为马克思主义的传人，列宁在1894年也及时认识到，达尔文的理论第一次把生物学放在完全科学的基础上。

总的来说，革命者对达尔文理论基本持赞成态度，也为后来包括中国在内的社会主义国家毫不费力地接受进化论铺平了道路。不过，有意思的是，强硬的斯大林在1906年发表的《无政府主义还是社会主义？》中，却犹犹豫豫地指出："看来也决不能断言，马克思主义对达尔文主义采取不批判的态度。"这个评论为后来李森科登场表演埋下了伏笔。

还有一些人对《物种起源》的误解让达尔文哭笑不得。很多人受此书的影响，确实相信物种是变化的，但并不认为那是达尔文的首创，而是如书中所列出来的参考名单一样，已有很多人提到过了。而达尔文真正原创的"自然选择"饱受怀疑，甚至是诋毁，有时诋毁甚至来自科学界内部。

《物种起源》出版之后，很快俘获了一大批生物学家的芳心，比如著名植物学家胡克几乎是立即向达尔文投降，曾与达尔文数度通信的哈佛大学教授格雷也对达尔文"投怀送抱"，并用极其巧妙的方式在美国引进了生物进化思想；德国、法国生物学界也都相继做出积极反应，似乎是一片欣欣向荣的景象。但总的情况不容乐观，除了有些生物学家仍持观望态度，还有一些其他领域的科学家对生物学并不太了解，根据无知者无畏的原则，反而对达尔文展开了激烈的批评。比如地理学家赖尔，尽管是达尔文的好朋友，却仍然强烈反对进化论观点。比较有力的反对来自电磁理论的奠基人麦克斯韦和现代物理学的开山鼻祖汤姆逊。

麦克斯韦虽然可以在物理学领域独挑大梁，但对进化论的态度简单而粗暴，他直接站在自然神学的立场上反对进化论，认为地球是上帝为人类提供的舞台，所有生命都是舞台上的一员，它们各自表演，并不存在什么进化与选择，一切都在按照上帝的剧本进行。对于此类粗暴的反对，达尔文并不担心，他真正担心的是来自汤姆逊那样经过精心准备的批评。

汤姆逊以发现电子而闻名，所以电子又叫作汤姆逊电子。而且汤姆逊还指导过海底电缆的铺设工作，在热力学研究领域也有重要贡献。由于成就众多而受尽尊宠，他于1866年被英国王室赐封为开尔文爵士，热力学温度也以开尔文为单位，他在当时享有无可撼动的权威地位。但汤姆逊对进化论嗤之以鼻。

汤姆逊的反对并非像麦克斯韦那样毫无道理，他通过散热速度推算出地球年龄只有两千多万年左右，最多不超过一亿年，在如此短的时间内根本不足以支持生物如蜗牛般慢腾腾地进化。可达尔文公开声明过，按照他的理论，生物的进化至少需要三亿年的时间，如此一来，就和汤姆逊的计算产生了巨大的矛盾。而在物理问题上，汤姆逊无疑更有权威性，那么进化论就面临着时间不足的问题，这等于从根本上否定了生物进化的可能性。

基于汤姆逊的巨大权威，达尔文无言以对，他知道自己的物理知识相当缺乏，对地球年龄的估算只是猜测，基本没有任何科学依据。面对汤姆逊的计算结果，达尔文唯一能做的，就是派出一个儿子专门分析汤姆逊的计算过程，希望能找出其中的计算错误。毕竟达尔文的儿子很多，他们各自都接受了不同的任务。但寻找别人的漏洞并不是一件容易的事情，特别是寻找汤姆逊的错误，更是难上加难。对此，达尔文一边异常坚定地声称"我确信将有一天会证明地球的年龄比汤姆逊计算的古老得多"，一边暗中咒骂汤姆逊是一个"讨厌的幽灵"。正是这个"幽灵"，最终和达尔文一道被安放在威斯敏斯特教堂牛顿墓的旁边。

好在对物理一无所知的达尔文错得并不离谱，至少要比汤姆逊精确一些。现在我们已经知道，伟大的汤姆逊确实错了，他忽略了地球内部放射性元素的辐射作用，因此低估了地球冷却的时间，进而大大低估了地球的年龄。地球的年龄既不是汤姆逊所说的一亿年，也不是达尔文所说的三亿年，而是四十六亿年左右。对于地球来说，时间才是最宝贵的财富，足以支撑任何生物进化的需要，自然选择的危机当然也就此化解。

自然选择原理遇到的最大危机并非来自自然科学，而是来自社会科学。因为"适者生存"这个词听起来像是同义反复，等于在说"可以生存的生存"，不客气地讲，"适者生存"就是一句废话，就像是在说"我爸爸是我父亲"一样，不含任何实际内容。如此空洞的理论当然要被剔除出科学领域，或者让它自行垮掉。

著名的科学哲学大师波普尔的插足使这个问题变得更为复杂。波普尔是玩弄文字的大师，他对这类逻辑上的东西尤为敏感，几乎一眼就看出了其中的漏洞。他明确表态说："这种逻辑上同义反复的理论是无法检验的，因为适者才能生存，而生存的当然都是适者，我们找不出任何相反的例证，所以这个理论无法证伪。而科学理论必须能够证伪，也就是从理论上可以被证明是错误的，无法证伪的理论不是科学，或者是伪科学。"

1959年，在《物种起源》出版一百周年庆祝会上，波普尔做了一次影响深远的演讲，他说："达尔文主义不是真正的科学理论，因为它的核心学说自然选择是一种全能的巧辩。通过仔细观察就会发现，适者生存是同义反复，是必然性的宣言，只是前人没有发现两者的关系罢了。"

这一演说引起了极大轰动，加上波普尔的巨大权威，一时间自然选择理论八面受敌，风雨飘摇。对此，同时参加会议、被誉为达尔文之后最伟大的进化论大师迈尔立即做出了反应，他指出，"适者生存"确实是一个容易引起误解的词，达尔文本人最初只是为了便于大众理解，才用了这个词。但是迈尔指出，同义反复并不是达尔文的本意，《物种起源》中的原始提法是："那些比其他生物有某些优势的生物，虽然是略微的优势，都会有最佳的生存机会，并能繁殖后代。"这一复杂的表达无论在内容上还是形式上都不存在同义反复的问题，而是一个典型而清晰的论断，并且是可以检验的论断。波普尔的批评是不正确的，因为他没有了解达尔文主义的真正内涵。

其他许多进化论者也对波普尔提出了批评，迫使波普尔进行了反思。后来，到了1977年，他在《自然选择及其科学地位》一文中改变了自己的看法。波普尔郑重指出："自然选择理论与检验的问题容易让人看作是同义反复，我过去也受到了这种观点的影响。后来我认为，自然选择理论是一个最成功的形而上学的研究纲领，它引导人们去研究更多的问题，并提出可以接受的答案。"

波普尔还谦虚地表示："对于自然选择理论的可检验性和逻辑地位问题，我已经改变了自己的想法，我希望我对自然选择理论的前后两次评价能够对理解自然选择做出微薄的贡献。自然选择理论远非同义反复，而是可以检验的生物学理论。"

可惜波普尔第一次评价的声音传得太远，而第二次评价被反进化论者有意忽略。现在仍有反对者把同义反复当作反对达尔文理论的一把利剑，殊不知这一武器早已报废。

达尔文明知《物种起源》会引来不小的麻烦，他生性不喜欢论战，加上身体欠佳，更是小心翼翼地回避着各种批评，对于来自各路的攻击，他躲在自己的别墅里一律不予理睬。他已投入到新的写作当中，继续研究人类和许多动物学问题，相继出版了《动物和植物在家养下的变异》和《人类的由来及性选择》等著作，从各种角度论证进化学说，根本没有时间参加论战。

但回避并不表明他对自己的理论缺乏信心，相反，他到死都坚持自己的观点。1881年7月3日，垂垂老矣的达尔文在给美国哈佛大学植物学家格雷的信中温和地反驳了格雷的目的论。达尔文说："我认为自然选择已经为文明进步所带来的和将要带来的，比您所倾向于承认的要更多，我将捍卫这一立场。"八天后，他给一位读者写了另一封信，指出宇宙不是早就设计好的。有些人别有用心地造谣说达尔文在去世之前亲自否定了进化论，这只不过是神创论者为自己打气的无聊把戏而已。

自然选择的进化论全面排除了上帝的影响，宗教力量对此肯定不会视若无睹，面对达尔文的挑战，他们当然要一如既往地加以反击。这是一场单向的战争，因为科学一向对与宗教作战不感兴趣。科学的主要任务是寻求真理，而不是不断反驳错误使自己显得更正确。这就是达尔文面对宗教的攻击一直保持沉默的原因。

尽管达尔文对论敌采取避让态度，却并不影响另一些科学家挺身而出，为宣传和捍卫进化论做了大量工作，其中尤以赫胥黎最为出色，他的直接论战对手，就是神创论。

第 **5** 章

牛津论战的硝烟

无知者比有知识的人更加自信，只有他们才敢于断言科学永远不能解决任何问题。

——达尔文

回顾进化论走过的历程，最执着的敌人并非来自科学界内部，而是外部，特别是来自宗教界。他们指责进化论是"粗野的哲学"和"肮脏的福音"，并把进过教会学校的达尔文比喻为"魔鬼牧师"，甚至是"欧洲最危险的人"。重压之下，剑桥大学图书馆一度禁止借阅《物种起源》。

　　一时间风萧萧兮易水寒。

　　也有一批宗教人士站出来支持达尔文，不过他们采取的是和稀泥的手法。特别是在美国，他们认为进化论与上帝并不冲突，正是上帝创造了能够自我发展的原始生命形式，甚至进化的策略也出自上帝之手。如此一来，进化就成了第二因，与上帝互不侵犯，而且让上帝轻松了许多，他不必一个一个费心费神地去制造万种生灵，只需要制定一个生物发生和进化的原则就行了，可能有的时候还会插手修改一下进化错误，比如搞死一大批恐龙之类的小事，最终才有可能让人类登上生命舞台。

　　而在保守的英国，受过正统教育的牧师极其愤怒，因为《物种起源》是对《圣经》的全盘否定，这样一来大家就不容易相信上帝了，牧师的职业也就面临着从根本上被否定的风险。对于教徒而言，一旦开始怀疑《圣经》，人生的一切都将失去意义。所以在虔诚的宗教人士看来，生物进化理论将颠覆整个世界的伦理与道德，只有自然支配一切，而自然选择充满了血腥与死亡，与宗教提倡的互助与友爱格格不入。

在这种文化氛围下，在道德焦虑的驱使下，宗教与科学的冲突已不可避免。为达尔文承担这场冲突的，正是赫胥黎。

赫胥黎早在1850年就结识了达尔文，那时他也以军医身份做了一次海上航行，与达尔文有很多共同语言。而且赫胥黎也很勤奋，通过努力当上了英国皇家学会会员。他第一时间读完《物种起源》后，不禁拍案长叹道："我简直太笨了！居然没有想到这一点。"他立即发表文章宣传和支持达尔文，并利用在皇家研究院演讲的机会公开支持进化论。赫胥黎深知进化论的意义，他知道这一理论必将引起教会和世俗的强烈攻击，为此他写信给达尔文说："至于你的理论，我准备接受火刑。"赫胥黎还给胡克写信，告诉他："尽管让教会的矛头全都指向我好了，我决心穿好我的铠甲，准备为捍卫这一理论做长期的战斗。"

为了实现自己的诺言，赫胥黎不惜自命为"达尔文的斗犬"，他以极大的勇气揭开了进化论与神创论大战的第一幕，那就是著名的牛津论战。从此以后，围绕进化论所展开的充满火药味和科学智慧的刻薄论战就一发而不可收。

牛津论战的导火索来自牛津教区的威尔福伯斯主教。威尔福伯斯主教因为善于论辩，人送绰号"油滑的山姆"。他几乎刚一接触进化论，就开始写文章攻击达尔文。但威尔福伯斯主教的科学知识并不扎实，所以他找了一位帮手，那就是当时颇有影响的动物学家欧文。

欧文相貌丑陋且生性冷漠，自小痴迷于解剖动物，并因此成为一名动物学家，曾发表过六百多篇解剖学论文，其学术成就与名重一时的居维叶不相上下。正是他发现了始祖鸟，也正是他把一种大家都没见过的化石命名为"恐龙"，他还出版有经典巨著《论脊椎动物解剖学》及其他一大批专业作品。可惜欧文的道德品质并不能如其学术成就那样让人尊敬，他经常迫害同事，有时甚至偷窃别人的研究成果，这大大削弱了他作为一个重要学者的影响力。而欧文最大的学术污点是反对进化论。

欧文既然解剖过大量动物，而且熟悉许多动物化石，本来应该能看出不同动物之间的进化关系，可惜他没有。而且他在读完《物种起源》之后，或者根本就没读原文，仅凭一点儿道听途说，便发表了一篇言辞激烈的论文对达尔文大加鞭挞，并在剑桥哲学学会上对达尔文进行无情的指责。欧文甚至把达尔文和拉马克画上等号，指责拉马克的理论导致了法国大革命，而达尔文的理论也将给英国带来灾难性的后果。那次会议达尔文也在场，欧文的唾沫喷了一会场。达尔文默然无语，根本没有还手之力。

可惜欧文最重要的对手其实并不是温文尔雅的达尔文，而是摩拳擦掌的赫胥黎。

既然宣称准备做"达尔文的斗犬"，赫胥黎就不会像达尔文那般沉默无语，他从来就没有打算被动接受反对者的批评，相反，他一直在准备主动出击，以一场酣畅淋漓的论战实践自己的诺言，所以他开始有针对性地写文章维护进化论，但由于缺乏当面交锋的火花与激情，很快被人遗忘。赫胥黎需要一次与欧文正面交锋的机会，因为欧文当时扛起了反进化论的大旗，砍倒这杆大旗是当务之急，而砍旗的机会很快到来了。

那是一场事先张扬的论战，所有对手都没想到自己会自取其辱。

1860年6月27日，英国科学促进会年会在牛津召开。威尔福伯斯主教在会前就和欧文商议好，要借这次机会把生物进化理论彻底从生物学界清除出去。而且他们四处宣传，到处制造声势，把消息早早地传了出去。温和的达尔文预见到了无止境的激烈争吵，索性没有出席会议。所有人都以为进化论会被搞得灰头土脸，只有赫胥黎气定神闲。

会议第二天，在动植物组分会场上，赫胥黎开始主动向欧文发难。因为此前欧文曾声称，通过解剖研究发现，大猩猩的大脑与人类的大脑之间存在巨大差别，甚至超过了大猩猩与其他动物的差别。也就是说，不应该把万灵之长的人类和那些低等动物平起平坐加以比较。这一说法令赫胥黎不以为然，他相信人类与大猩猩之间的差距并不大，更不会构成难以逾越的进化鸿沟。所以赫胥黎毫不客气地回击了欧文，他用很不礼貌的语气嘲笑欧文说："我当然能证明大猩猩是他们的祖先，但他们也用不着害怕，那只是简单的客观事实。"欧文天生口吃，他面对赫胥黎的反击往往怒火冲天、面红耳赤，却连一句完整的话也说不出来。吵架不是写论文，想吵就能吵的。在这方面赫胥黎占尽了上风。

后来欧文并不死心，他精心提出了一个解剖学上的证据来证明人类的优越性，即人类大脑中有一个重要结构——小小的海马状的回转部位，称为海马回，而黑猩猩和大猩猩的大脑中没有这个结构。在欧文看来，这一区别可以充分说明人类的独特性，并证明人与猿之间在结构上不存在所谓连续性，所以人类不是从猿进化而来的。

不巧的是，当时赫胥黎正在写作《人类在自然界中的位置》，他有足够丰富的资料表明，所有的猿类都有海马回，人脑和猿脑之间存在明显的连续性。他们的争论曾引起全英国的关注，由于证据确凿，最终以赫胥黎全面胜利而告终。当有人劝赫胥黎对欧文进一步攻击以把他彻底打倒时，他意味深长地感叹说："我们的生命太短暂了，不应该浪费时间将已经杀掉的人再杀一遍。"

后来两人成为宿敌，赫胥黎最后用投票的方式把欧文踢出了英国皇家学会。欧文就此落魄离场，只好放弃科研，去大英博物馆自然史部上班，并为创建自然史博物馆付出了大量努力。同时他也没有忘记老对手，继续四处游说批驳达尔文的理论，并强烈反对在博物馆为达尔文和赫胥黎修建雕像。但此事由不得他做主，当自然博物馆不得不摆上两人的雕像时，无可奈何的欧文只好在雕像的摆放地点上做手脚。在他的地盘上，他有这个权力，他故意把自己的雕像放在博物馆大厅最显要的位置，而把达尔文和赫胥黎的雕像摆在博物馆的咖啡店里，让它们满脸严肃地看着那些来来往往啃面包、喝咖啡的客人。

在牛津的那次会议上，欧文只是马前卒，他背后真正的高手是威尔福伯斯主教。此人学过数学，略懂地质学和鸟类学，是当时英国科学促进会的副会长。虽然威尔福伯斯的动物学知识无法与欧文相比，但他长期滔滔不绝地教育信徒，已练成辞藻华丽的好口才，雄辩能力胜于欧文十倍。当欧文败阵之后，威尔伯福斯开始上场。当时会议已经进行到第四天，越来越多不怕事大的听众赶来会场。他们都知道会有人吵架，所以看热闹的比科学家还多，先后来了大约七百多名听众。小会场坐不下，于是主席团临时决定把会议地点移到新落成的牛津博物馆。

当几位科学家不咸不淡地读完自己的报告后，听众早已不耐烦了。威尔福伯斯主教终于站了起来，他以非常轻蔑的语气谈起了进化论，猛烈攻击达尔文的学说以及达尔文的朋友。

主教发言的详细内容现在已不得而知，据各方考证及当事者回忆，主教大致列举了达尔文的主要论点，然后指出演绎法不符合科学逻辑，他还是相信培根的科学方法论。他说："我们是归纳哲学的忠实学生，不会因任何荒诞的结论而从中退缩。"主教还进一步举例说："牛顿是因为受到苹果下落的启发而发现了天体运行的规律，如果达尔文也能采用这种精确的推理方式向我们证明人类与动物的血缘关系，我们将相信他的理论，并自甘与动物界平起平坐，从心里摒弃我们的自豪感。甚至我们可以进一步承认，我们与地上生长的蘑菇也有一定的亲缘关系。现在达尔文采用的却是用'异想天开的幻想'来代替'严格的逻辑推理'，所以从中得出的结论我们坚决反对。"

主教还运用自己的生物学知识证明物种是不变的，他非常有信心地告诉在座的听众，野鸽总是野鸽，家鸡不会变成凤凰。达尔文物种进化的理论从根本上是不可理解的，那只是一个以"最大胆的假设为基础的纯粹的假说"。

为了更有说服力，主教还列举了《物种起源》中十处最具猜测性的段落，然后严正表明了自己的态度："我们对达尔文理论的反对，是在严肃科学的基础上进行的。达尔文如果要让我们相信，他的论点就必须接受真伪的检验。"主教还认为，已有的事实并不能确保这一理论的正确性，所以从根本上来说，这是一个毫无根据的假设。它既违背科学精神，又与人类的利益相对立。

令主教高兴的是，当时一些著名的科学家也站在主教一边，比如前面提到的汤姆逊和麦克斯韦等人，甚至还有达尔文的导师亨斯罗。而这次会议的主持人正是亨斯罗，这让主教的腰杆硬了很多。

可以看出，威尔福伯斯主教采取了一个聪明的策略。他没有借助上帝来打击达尔文，而是试图从科学方法论上踩死进化论，这听起来更符合他作为科学协会副会长的身份，也可以给听众造成值得信赖的感觉。此后的神创论者不断拾起他们祖师爷传下的绝招，从科学中寻找力量来打击科学，奋力要把达尔文推下圣坛。他们天真地以为，只要进化论被打倒，神创论就可以雄霸天下了。虽然威尔福伯斯的演讲引人入胜，但是他做了一件不该做的蠢事。演讲快结束的时候，他转向了在座的赫胥黎，用挑衅的语气说道："听说赫胥黎教授曾经说过，你不在乎一个人的祖先是不是大猩猩。当然，如果这位博学的教授是在说你自己的话，我们不便反对。"接着，主教又刻薄地加了一句："那个声称人与猴子有血缘关系的人，究竟是他的祖父还是祖母，是从猴子变过来的呢？"

参加会议的胡克事后回忆说："赫胥黎勇敢地应战了，那是一场激烈的争论。"

据说赫胥黎在回应主教以前，先是对身旁的一位朋友说，"感激上帝把他交到了我的手上"，接着冷静地站了起来，大步走向讲台。他先从专业角度反驳了主教介绍的浮浅而可怜的生物学知识，然后坚决反对只把生物进化理论当作一种假设。他指出，达尔文的学说是对事实的解释，《物种起源》中也列举了大量事实，虽然这一理论还需要进一步完善，但已是目前为止对物种问题的最好解释。进化论可能不是完美的科学理论，但确实是科学理论。

赫胥黎坚信，达尔文采用的研究方法不仅符合科学逻辑的标准，而且也是唯一合理的方法，即通过观察和实验努力发现大量事实，然后在这些事实基础上进行推理并得出结论，最后再把结论和自然界中观察到的事实进行比较，以检验这一理论的正确性。这一辩论正是针对主教对达尔文研究方法的指责而发，有力地回击了主教的批评。

最后，赫胥黎语气坚决地总结道："我声明，我再次声明，一个人，没有理由因为可能有一个大猩猩祖先而感到羞耻。真正应该感到羞耻的是，他的祖先是这样的一个人，他不是利用自己的聪明才智在某个领域获得成功，而是利用自己口若悬河的言辞、偷梁换柱的雄辩和求助于宗教偏见的娴熟技巧来分散听众的注意力，借以干涉他自己不懂的科学问题。"

因为双方用词激烈，唾沫横飞，台下观众也情绪激昂，会场充满了暴躁的气氛。由于场面过于紧张火爆，一位女士甚至当场被吓晕了过去，她实在想不到这些平日里文质彬彬的科学家和素有修养的主教也会如此刻薄相向。

当时还有一个人，就是"贝格尔号"船长费茨罗伊也在座。这个情绪激动的家伙因为把达尔文带上了船而对上帝怀有深深的忏悔之意，但又对科学一窍不通，只相信《圣经》上的每一句话都是不折不扣的真理，所以也说不出什么名堂。他只是大步走向讲台，泪雨纷飞地指控《物种起源》给自己带来的深切痛苦，并请在座的各位和他一道将达尔文的理论驱逐出科学论坛，打倒在地，再唾上一口唾沫。不过听众并不买船长的账，一时间台下嘘声四起，硬是将他轰下了台。费茨罗伊别无他法，只好脸色赤红地高举着《圣经》大喊"圣经，圣经！"，此外再也讲不出什么别的话来。

后来费茨罗伊船长和他的前任船长一样，也因心情郁闷而自杀身亡，那是在《物种起源》出版之后的第六年。费茨罗伊船长割断了自己的喉管，他想以这种方式请求上帝原谅他把达尔文带上了"贝格尔号"。

此次论战结束后，达尔文也做出了反应。不知是出于什么样的考虑，他竟然认为赫胥黎对主教的反击"似乎是一次彻底的失败"。是不是因为赫胥黎没能把主教挑出来的那十个疑问化解掉呢？达尔文在给胡克的信中，承认主教的辩论技巧非常老到，是一个聪明的对手，以至于他不得不抽时间把主教指出的那些地方一一找出来重新审订，以确保不再给对手留下任何把柄。

纵观整个论战过程，可以发现一个有趣的表象，人们一贯认为这是一场科学与宗教的斗争，其实并非如此。威尔福伯斯虽然是主教身份，但他打出的牌是科学方法论，他利用的是另一个身份，也就是以英国科学促进会副会长的身份对达尔文的理论提出了挑战。而赫胥黎也针对性地进行了回击。双方似乎都没有提到宗教问题。但他们心里都明白自己代表什么样的势力，特别是威尔福伯斯，他自己都不相信自己是在为科学而战斗，他只能是宗教的代言人，只不过是戴了一层薄薄的面纱而已。

赫胥黎大战威尔福伯斯，在科学史上具有重要地位。科学哲学家拉塞尔曾就此总结说，19世纪末在英国发展起来的科学与宗教的敌对关系，与其说是由科学事实对神学和有组织的宗教的威胁引起的，不如说是由新一代知识分子如何认识文化的领导地位问题引起的。他们认为这是一场争夺科学利益和权力的战争。

在场的胡克却评价道："著名的1860年牛津会议，在赫胥黎的生涯中占有相当重要的地位。那不只是一个解剖学家反驳另一个解剖学家，也不是关于事实证据和抽象论断的论战，而是个人之间的才智之战，是科学与教会之间的公开冲突。"

可能正是如此，"牛津大战"确实是如假包换的科学战胜宗教的里程碑，因为威尔福伯斯主教身披的外衣虽然是科学，但他想要打倒达尔文理论的本质目的是维护上帝的权威和教义的正统。他没有把上帝请出来直接参战，只能说明他的手法高明，也是在那种场合下比较合适的方案，因为那毕竟是一场科学大会。

四年之后，也就是1864年，赫胥黎联合七名不同领域的英国科学家在伦敦成立了X俱乐部，并通过俱乐部的影响掌控英国皇家科学会，将英国科学界引领进入了一个致力于传承不受宗教教条约束的纯粹而自由的科学的全新的时代。X俱乐部的第一个重要行动就是力推英国皇家科学院将代表最高荣誉的科普利奖章授予达尔文，而不是授予达尔文的另一位导师塞奇威克，因为他的学术影响力已经无法与达尔文相比。

同样在X俱乐部的运作下，教会在科学界的影响力急剧下降。1865年前的三十年间，先后有四十一位教士担任英国科学促进会专业委员会主席，而在1865年后的三十多年间，只有区区三人占有这些位子。

　　时间到了1996年，罗马教皇保罗二世致信教廷科学院全体会议，明确表示："（天主教）信仰并不反对生物进化论。新知识使人们承认，进化论不仅仅是一种假设。"

　　对达尔文来说，教皇的声明虽然迟到了一百多年，但战争终于分出了胜负，算是为"牛津论战"画上了一个圆满的句号。所以，达尔文研究专家摩尔以夸张的笔调写道："牛津论战是继滑铁卢战役之后19世纪最著名的战争。"

　　这场论战以进化论大获全胜而告终，而且也在普通读者中造成了这样一种印象：科学是正确的，宗教是保守的，进化论是可以相信的。人们欢呼科学的胜利，希望科学能满足他们更多的好奇心。但此次论战隐约间提出的一个问题摆在了所有人的面前：既然生物是进化而来的，那么人是怎么来的？难道真的也是进化出来的吗？或者还是上帝情有独钟的手工制造的产物？

　　自以为是的人类，在生物界应该坐第几把交椅呢？

　　这一次，轮到进化论内部吵成一团了。

第 **6** 章

关于人类的迷思

我们与其他灵长类动物有许多共同点，例如指甲扁平、前肢有抓握能力、大拇指可以与其他手指对立、阴茎下垂等。其他哺乳类动物都没有这些特征。

——戴蒙德

《物种起源》既没有研究物种的起源，更没有研究人类的起源，甚至都没有在书中明确提到人类可能起源于动物。当华莱士写信问达尔文是否打算讨论人类的问题时，达尔文回信承认："应该避开这个主题，因为这一主题被太多的偏见包围。"但达尔文其实对这个问题充满了强烈的向往，并在《物种起源》中明确指出："人类的起源及其历史将被照亮。"

　　被谁照亮呢？当然是被自然选择的进化论照亮，操刀人应该是达尔文自己。达尔文相信人类的起源问题必将得到完美的解释，但解释权绝不能交给神学家，他们那一套观念陈旧迂腐，没有任何挑战性。进化论需要给出科学的解释。

　　为此，达尔文一直在努力。

　　吃一堑长一智。经历了《物种起源》的烦恼之后，达尔文明白了写书要快的道理。从1860年到1872年的十二年间，他把《物种起源》不厌其烦地修订了七次，并不断接见各地涌来的粉丝，此外还出版了十部专著，以《物种起源》为中心对生物进化理论展开地毯式论证，其中比较有影响力的作品是1871年出版的《人类的由来及性选择》。关于性选择，将在后文专门讨论，这里单说人类的起源。

早在达尔文之前，布丰就提出过"人猿同祖"的概念，只不过没有引起多大反响。赫胥黎于1863年出版《人类在自然界中的位置》，从解剖结构上论证了人类与大猩猩和黑猩猩等灵长类动物存在密切关系，一棒子把人类打进了动物王国。这一研究结论在全英国引起了巨大的轰动。当时一位虔诚的女教徒曾不知所措地说："我的上帝！让我们祈祷这不是真的。如果真是这样，我们希望没有更多的人知道这件事情！"

达尔文并不是人类学家，而且关于早期人类的化石资料也极其稀少，对于人类起源的研究，达尔文支持赫胥黎的观点，并根据自己的逻辑推理，得出了一个惊人的结论：人类的祖先与大猩猩和黑猩猩的祖先有亲缘关系，而且极有可能起源于非洲。与广为流传的说法很不一样，达尔文从来没有说过人是由猴子变来的，他只是推测人应该是由一种与类人猿相似的动物进化来的。这是一种非常客观的说法，包括他对人类大致起源时间的推测，基本都与现代考古结论一致。这就是达尔文的天才之处，他站在进化论的坚实基础上，因此得出了相对可靠的科学结论。

考虑到化石的缺乏，达尔文转而希望从胚胎学着手探讨人类的起源，因为胚胎中的退化器官及返祖现象让达尔文浮想联翩。他相信当时非常流行的胚胎重演论，并从中推导出一个重要的结论：我们知道人类起源于一种带毛的、长有尾巴和尖耳朵的哺乳动物。

不要嘲笑达尔文，胚胎重演论实在是一个迷人的理论，德国生物学家海克尔画的那张几种动物胚胎发育过程对比图充斥于各国生物教材中，清楚地表明不同的动物在胚胎发育过程中具有明显的形态相似阶段，似乎回放了动物从简到繁的进化过程。猫和狗虽然现在看起来不一样，胚胎却可以证明它们从前的长相大致差不多。

　　此事听起来有点儿玄乎，很难想象胚胎会在如此短暂的发育时间里迅速回放一遍远古祖先的经历，很难找到合适的机制解释这种现象，因此总给人不太靠谱的感觉，哪怕是运用现代分子生物学的手段也不能让人心服口服。加上当年海克尔为了使所有胚胎发育图看起来更加相像，不惜在图片上动了一点儿手脚，后来被人揭穿了，结果遭到了哈佛大学著名进化生物学家古尔德等人的无情嘲笑。胚胎重演论基本上被科学界放弃。

　　不是说胚胎重演论完全没有道理，而是这种简单化的处理方法已失去了昔日的权威。毕竟从一个受精卵长成一个完整的个体，必须要有手有脚地从头长起，所以看起来确实会有点儿相像，但那不能说明任何问题。不过在当时，达尔文很信任海克尔，他把胚胎发育的相似性看作是物种进化的痕迹，而且人的胚胎也是那个样子。这似乎可以证明，人也是像动物那样一步步进化而来的，中间甚至经历了带鳃阶段。不过现在已经知道，所谓人脸上的"鳃"，不过是皮肤上的皱纹罢了。

　　既然达尔文以胚胎重演论作为武器，后面的事情就不难理解了，他坚信人与动物之间存在连续的进化组带，野蛮人和其他动物的智力存在很大差异，但不是本质上的差异，只是程度上的差异。不是有无的问题，而是多少的问题。人类的感情、直觉，以及一些心理活动，都没有与其他动物拉开绝对的距离。无论从哪个方面看，我们与动物之间都不存在不可理解的鸿沟。

达尔文还相信人类的智力也是一点点进化而来的，甚至可以把动物按照智力高低排出一个排行榜，比如黑猩猩就比猴子聪明，而猴子又比兔子聪明，至于兔子，只能跟乌龟一较高下了。它们统统都没有人类聪明。

既然如此，道德的起源也就不需要上帝的指引了。原始人类先进化出了基本的道德，然后才使社会性的群居成为可能。此外关于人的素质、良心和利他行为，毫无例外都是自然选择的结果。这些问题虽然比较复杂，但还没有复杂到非得请求上帝帮忙的程度，完全可以在生物学范围内加以解决。

此外，达尔文还相信人类的知识可以遗传。也就是说，如果父母学习成绩好，儿子也会比别人更聪明一些。这其实是智力版的获得性遗传理论，现在基本已被否定。尽管知识具有可遗传的假象，但主要是通过教育和文化传承，而不是通过生物学遗传。

达尔文还关注群体选择，积极为爱国主义之类的社会行为寻找生物学依据。在他眼里，崇高的道德品质虽然可能对个人生存不利，但如果大家共同努力，普遍提高群体道德水平，就会提升群体的整体实力，相对于其他部落，很容易在打架时占据上风。基于此，具有爱国主义情结的人越多，这个国家就会越来越强盛。所以达尔文认为，爱国主义也是自然选择的结果。

因为担心读者不相信，达尔文还信誓旦旦地说："在全世界的任何时代，一些部落取代另一些部落，主要原因是道德，而不是武器。所以道德水准越高，群体数量就越多。"

其实达尔文没有做过任何统计工作，而是纯粹的推测，因此也容易成为攻击的目标。

在人类各种族高低贵贱的问题上，我们希望达尔文能做到一碗水端平。事实上，尽管达尔文非常克制，仍然表现出了种族等级思想。在他眼里，诞生了莎士比亚和牛顿，自然也包括他自己在内的这群伟大人物的种族，肯定要比那些"沉默寡言的南美土著人和轻率而爱唠叨的黑人"高级一些。还好，他没有沿着这条路走得太远，他说，"在各种族中，黑人和欧罗巴人的区别相当大"，但他并没有被这种"相当大"的区别所蒙蔽。因为这些种族具有相同的身体结构和相似的思维方式，所以达尔文认可了他们来自共同的祖先。这要比那些把黑种人看成低等物种的科学家强多了。在当时存在奴隶制的美国，大家普遍认为黑种人是介于人类和黑猩猩之间的物种，只不过长得特别像人，可以完成人类交办的所有任务，并且可以说话，所以是天然的奴隶。

达尔文对人类认识的重要性在于，在他的理解范围内，人与动物是连续的，所以可以把人类纳入生物学领域加以研究。就算是组成了社会，自然选择仍然起着作用。为了论证这一观点，达尔文甚至把眼光投射到了历史事件中去。他看到了希腊文明的倒退，也看到了欧洲各国的崛起，并对西班牙在这场赛跑中落后表示惊讶。他想不通这是为什么，最后把责任加到了宗教裁判所的头上。宗教裁判所过去的工作严重违反了自然选择原理，把本不该被淘汰的社会精英强行淘汰掉了，布鲁诺就是悲惨的例子。而宗教裁判所在西班牙的工作卓有成效，大批精英都被做成了烧烤。在达尔文看来，这无疑是阻碍文明进程的巨大灾难。他本人就曾被这种情景吓得心惊肉跳，以至于迟迟不敢出版《物种起源》。

但进步的力量不容小视，欧洲文明仍然在不断前进。达尔文把很大一部分原因归功于英国，那是他的祖国，他认为盎格鲁-撒克逊民族要比欧洲其他民族"具有明显的优越性"。后来希特勒明显不同意这一观点，直接把英国人打得哇哇乱叫。

不过达尔文充分肯定了美国人的成绩，他认为美国的进步与美国精神分不开，两者都是自然选择的结果。既然连国家都逃脱不了自然选择之手，就更别提个人了。

这样绕了一圈，达尔文就把人类社会现象纳入自然选择体系中了。

正是基于这个逻辑，达尔文提出了一个严重的问题：在不开化的原始部落，自然选择会有效运作，不断淘汰病歪歪的个体，保存肌肉结实的勇士。但进入文明社会以后，病人可以得到很好的医疗护理，智障者和残疾人也能得到很好的照顾，许多不健康群体并没有被及时淘汰，穷人也因为政府的援助而活得更长。长此以往，文明社会就可能被这些本该被淘汰的"残次品"拖垮。

这其实是可怕的社会达尔文主义的想法，好在达尔文是一个绅士，他没有就这个话题做进一步拓展。他只是希望病人或智障者难以找到配偶，以此缓解可能的恶果。

但达尔文还面临着另外一个困局，那就是兵役与战争。他在英国观察到了这样一种现象，国家招兵往往都要结实的小伙子，然后他们在战场上被大批打死，留在后方的大多身体羸弱、贪生怕死，没有集体主义精神，可他们可以趁机娶到本来没有机会弄到手的女人，而他们的儿女，将很难承担起建设国家的重任。所以战争将导致国家的退化。

　　无独有偶，财产继承也很麻烦。有些坏孩子好吃懒做，人品极差，有的甚至天生有病，本该在竞争中被健康的穷孩子淘汰掉。但是，因为他们有个富爸爸，留给他们一大笔财产，情形反而会颠倒过来，富人家的坏孩子不但没有被淘汰，反而吃香的喝辣的，讨老婆娶小妾，大大小小生了一堆。那些本来应该在竞争中占有优势的穷孩子反倒打起了光棍。自然选择就这样遭到了破坏，长此以往，人类的前景非常不妙。所以达尔文反对财产继承，不过他自己继承了大量财产，这一事实使达尔文非常矛盾，他只好安慰自己，依靠体力的年代已经过去了，他自己就是最好的例证。现代社会的进步更多依靠知识和技艺，自然选择在这个层次上仍然可以发挥余热。至于那些靠继承财产而终日挥霍的无耻之徒，达尔文认为他们必将千金散尽，如果不能洗心革面，总有痛哭流涕之日。幸好他自己不是那样的人，他甚至通过写作挣到了无数的金钱和巨大的名声。

　　因为资料稀少，而且担心挑起更大的争议，达尔文把很多话都说得模棱两可，几乎看不出他到底站在哪个立场。麻烦的是他视野开阔，几乎把能想起来的话题都扯了一遍，这样一来反而造成了更大的麻烦，后来的研究者和思想家都想从他这里扯虎皮作大旗，包括种族歧视和性别歧视的支持者，都在引用达尔文理论。战争贩子更是把达尔文视为导师，他们都认为自己的行为完全符合达尔文主义原则。另一些思想家当然不愿坐以待毙，在他们眼里，达尔文又变成了种族平等主义者、男女平等主义者及和平主义者，他们为拥有达尔文这样伟大的同盟者而骄傲。总而言之，双方都拼命指责对方误读了达尔文。达尔文居然得到了论战双方的一致支持，这就是言辞模糊的好处。

　　所有人都在误读进化论，每位讨论者都只是接触了达尔文主义的一个方面，然后就自以为掌握了真谛。每个人都只取对自己观点有利的部分，拿来作为支撑自己理论的后盾。迈尔告诉人们，达尔文主义其实不是一个整体的理论，而是由各种零散的理论组成的庞杂体系，这个体系中的一部分甚至会和另一部分相互抵触，这与达尔文的时代局限性有关。这样也有好处，就算这个体系中有些部分是错误的，也不会影响整个体系的科学性。

　　但有一点可以肯定，达尔文坚信，无论从生物角度还是从社会角度观察，人类都没有逃脱自然选择的影响。人类尽管有感情、讲道德、重伦理、会诗歌，醉心于爱情和亲情，甚至富有牺牲精神，可惜无论如何，仍然只是笼罩在自然选择魔爪之下的可怜虫，听任自然选择的摆布，毫无还手之力，是纯粹的凡夫俗子，并没有得到上帝的半点儿青睐。

　　然而逼着他写出了《物种起源》的华莱士不这么看。要命的是，华莱士的观点代表了一大批学者的观点。

　　不知出于什么样的想法，或许是对华莱士仍有一丝愧疚之意，达尔文本来想把关于人类的起源与进化的主题让给华莱士写，并答应免费提供相关资料。但没想到的是，一向拥护自然选择理论、并自称比达尔文还要坚持达尔文主义的华莱士，在人类进化的问题上却走向了另一条路。他非但不愿意把人类纳入自然选择体系中来，而且走向了进化论的对立面，在人类智力和灵魂等问题上大开倒车，转而寻求上帝的帮助，变成了一个"唯灵论"者，其实就是"神创论"的帮凶。

　　唯灵论者大多是自然神学的拥趸，但受到进化论的冲击以后，他们不好意思直接提起神创论，而是走折中路线，主张灵魂和精神是世界的本原，宣称灵魂是唯一的，世界万物都有灵魂，连地球都有灵魂。所有万物的灵魂构成了一个"世界灵魂"，其实就是上帝，这个万能的灵魂笼罩着一切小灵魂。

唯灵论并不新鲜，在各国都有"粉丝"。他们相信各人之间存在心灵感应，灵媒这一骗钱的职业因而有了高尚的光环。创造了大侦探福尔摩斯形象的著名作家柯南·道尔就是有名的唯灵论者，他在探案作品中表现出来的睿智与现实生活中的表现背道而驰。

作为进化论的先驱之一，华莱士本来并不相信唯灵论，也不应该相信唯灵论，这与进化论的科学观背道而驰。华莱士认为灵媒就是一种幻觉或骗局，但是很不幸，他没能坚持这个信念。1865年7月，华莱士参加了一个朋友召集的降神会，亲眼见到了"神灵"的工作。不久，他又在自己家中见识了一位著名的通灵人，据说看到了凡身肉体离地悬空现象。这件事把华莱士彻底击倒了，他不懂魔术或障眼法，因此无法解释看到的一切，只好向唯灵论投降，并将这一信仰运用到进化论中。

华莱士认为，人类与其他动物截然不同。比如他觉得人类光滑的皮肤非常不可思议，与披满毛发的动物相比，似乎看不出什么进化优势，那么只有一种解释，这种独特的生物性状是上帝对人类特殊眷顾的结果。

如果说对人类皮肤的认识还有推测的成分，那么对人类智力的分析则彻底征服了华莱士。华莱士相信，人类过剩的智力在生存竞争中并没有什么用处，比如音乐和数学，特别是在原始社会，他看不出这种才能有什么优势。当其他猛男都出去捕杀猎物的时候，一个在那里自我陶醉的音乐天才或数学神童不被饿死就已是万幸了，除非真的有上帝罩着。

难能可贵的是，华莱士没有种族歧视观点。达尔文认为黑人很笨，而华莱士坚信黑人一点儿都不笨，其智力与白种人不相上下，经过良好的教育，可以取得与白人不相上下的成就。只不过华莱士认为，黑人还不会使用他们大脑中的高端智能。

现在问题就来了：黑人既然拥有同样的智能，但在现实生活中没有从中得到任何好处，仍然生活在水深火热之中，原因何在？

起初华莱士仍然坚持科学逻辑，他认为，黑人虽然拥有高端智能，却没有改善自己的生存地位，表明过剩的智能在自然选择中不起作用。

接下来，华莱士提出了这样一个问题：既然过剩的智能没有什么用处，那么白种人应该和黑种人一样过着愚昧而落后的生活才对，可白种人充分利用了潜在的智能，几乎无所不能，这又是怎么一回事呢？

问题到了这个份儿上，答案也就很简单了：上帝引导的呗。

也就是说，华莱士尽管相信通过自然选择，人类可以获得现在的形体结构，但难以获得现在的智力成就。人类的智力应该是超自然力量引导的结果，并且，只有人类具备这种独特的能力。

华莱士就这样走向了进化论的反面。

必须指出，华莱士绝非笨蛋，他和那些思想懒惰的家伙不一样。他思考问题很全面，很勤奋，同时也很激进。他尊重女权，支持社会主义理论，因为思考的事情太多，以至于被看成怪人。

在自然选择的威力方面，华莱士曾与达尔文有过激烈的争吵。

华莱士主张自然选择威力强大、所向无敌，所有生物的一切特性，哪怕是汗毛的粗细和蜗牛的壳内螺纹这样的小事，无不在自然选择的严密监控之下予以取舍夺杀。华莱士强调，如果某种生物表现出不适应性，那肯定是我们认识不足造成的错觉。生物体不存在无用的器官，我们之所以认为那些器官无用，是因为我们很无知，还不知道它们的价值。

与华莱士这一观点相呼应的是，现在发现一直被当成废物切掉的阑尾，其实是一个很重要的免疫和激素分泌场所，并在人体发育过程中起到重要作用。

华莱士的这一观点，被称为"超选择"，也就是所谓的"强达尔文主义"。而达尔文本人被华莱士划归到"弱达尔文主义者"的阵营。达尔文对此并不反对，他看待自然选择的态度要温和得多，并在《物种起源》的绪论中反复强调："我还相信自然选择是变异的最重要的方式，但绝不是唯一的途径。"

也就是说，达尔文相信，在自然选择之外，还有其他力量在影响生命的进化。达尔文因此遭到了华莱士的强烈批评，被指责为不是坚定的"达尔文主义者"。达尔文没有办法，只好仰天长叹："误解的力量太顽固、太强大了！"

那么，如此坚持自然选择的华莱士为什么会走向"唯灵论"这条死路呢？根据古尔德的分析，原因令人啼笑皆非：正因为华莱士坚持自然选择，所以走向了"唯灵论"！

这话怎么说呢？

如前所述，从生物学角度来看，华莱士相信所有种族智力平等，黑人并不天生比白人低劣。他利用大量解剖学证据来论证自己的观点，其中一个有力的证据就是，黑人与白人的大脑差不多大小，结构也没什么不同。哪怕是史前人的大脑，其容量和复杂性也丝毫不比现代人逊色。更重要的是，野蛮人经过教育和培训，完全可以过上现代人的生活，好莱坞众多有才华的黑人电影明星对此有很好的理解。如果华莱士活到现在，肯定要把前任美国总统奥巴马列为他理论的见证人。华莱士因此得出了这样的结论：在身体结构，主要是大脑结构方面，自然选择已经出色地完成了任务。剩下的事情，是自然选择无能为力的。

华莱士论证说，在满足自然选择的要求方面，大猩猩的大脑已经足够用了，人脑却比大猩猩的脑袋增大了一倍多。纯靠自然选择的力量不可能弄出这么大的头脑来。如果只是为了活着，实在也用不着这么大的脑袋，不仅浪费，自然选择也不可能满足这种无理要求。自然选择可能会允许人类拥有一个比大猩猩大一点儿的脑袋，但没有义务提供一个哲学家的脑袋。

华莱士的逻辑非常清晰：如果自然选择是正确的，人类就不该拥有如此大的脑袋。即便拥有如此大的脑袋，也不该产生如此文明，因为三万年前的克罗马农人就已拥有了比现代人还大的脑袋，但他们一事无成。

不单智力无法用自然选择加以解释，华莱士认为白种人的很多东西，比如女人美妙的声音和娇好的面容，也很难用自然选择来理解。歌唱这种高雅的东西，比如花腔女高音，只有文明人可以欣赏，而精致的歌唱器官早已在野蛮人那里就装备完毕，野蛮人自己却并不知道如何使用，最多偶尔吼几嗓子，远算不上是唱歌。唱歌能力似乎是专为文明人量身定做的天赋。

　　也就是说，大脑或优秀的声带，这些文明所必需的器官，是在我们有这种需要之前就已装备完成的，因此不可能是自然选择的产物——自然选择绝不生产无用的东西。

　　到这里，华莱士的结论也就水到渠成了：我们从这一组现象中得出了必然的结论，一个更优越的智慧在指导着人类，按一定的方向，向着一定的目标发展。

　　达尔文被华莱士的逻辑彻底弄晕了，他无法理解华莱士如此巨大的转变，只能苦口婆心地劝华莱士"不要断送我们的孩子"，也就是进化论。后来达尔文又严厉批评华莱士快要变成一个蜕化了的博物学家，也就是变成了神棍。但华莱士仍然义无反顾地抛弃达尔文奔向了上帝的怀抱，他本来是达尔文最重要的支持者，后来却成了达尔文难以解决的对手，最终蜕变成彻底的自然神学家。达尔文无法说服华莱士，事实上他自己也搞不清楚，人类为什么要拥有如此离奇的大脑。

　　古尔德对此有一个裁决意见，他认为超选择太夸张了，自然选择制造出来的一个器官可能会同时拥有很多功能，为了采集食物而进化出来的大脑，同时也具备欣赏音乐和思考天地哲理的能力，尽管这种能力在当时只起副作用。同样地，初装的喉咙可能只是为了偶尔吼几嗓子，但是不妨碍这个喉咙同时也可以唱出华美的高音。就好像是我们的牙齿，起初是为了撕咬猎物，但现在一口洁白的牙齿也可以展示自己的身体状况。出于一种目的而出现的器官，完全可以顺带做点儿别的事情，这就是所谓的副作用。这些顺带出现的副作用，后来有一部分喧宾夺主，反而变成了主要功能。大脑就经历了这样一个转变的过程，它本来是为了用于解决食物和交配问题，后来才被用于解决哲学和天文等科学问题。

当然，这不是华莱士一个人的困惑，几乎是当时所有智者的共同困惑。面对人类明显的进步趋势，纯自然的解释总是显得那么苍白而软弱，不请上帝出来引导大家前进，心里总是不踏实。

总体来说，达尔文对人类的认识基本是正确的，人类的进化确实是生物进化的结果，而与上帝的引导无关。现代进化论学者对人的生物学本性看得更清楚，华莱士的观点已经遭到了彻底否定。

1967年，英国动物学家莫里斯出版了研究人类行为的专著，这本书后来成为享有世界声誉的学术畅销书，名字干脆就叫《裸猿》。莫里斯以惊世骇俗的方式把人类直接比为没有毛发、裸露的猿猴，书中列出了大量无可争议的科学事实，直击人类的动物本性，其直率的态度和通俗的语言也是该书畅销的保证。据说，《裸猿》在全世界的销量已达数千万本。该书也因对人类肢体语言的揭示而被称为"肢体语言的圣经"。

这本书当时就引起了巨大争议，特别是关于人类性本能的论述，让许多人觉得难以接受。比如，莫里斯把女性鲜红的嘴唇和阴道进行了某种联系，从而为女性涂口红寻找生物学起源上的解释。这在现在听来仍让人觉得难堪，事实上也没有足够的证据可以证明。所以该书曾被许多保守国家列为禁书，在中国出版时，当然也有很多删节。

通过激烈的描写，莫里斯明确地把人类划进了动物的范围，他相信人类的动物本性比我们想象的还要深刻。并且，无论科学如何发展，人类现象仍然是简单的生物现象。他把那些看起来更加高贵的思想、矜持和骄傲等特征统统视为无物，那只是人类生物学特征的副产品。所以，莫里斯一再强调：我们仍然只是微不足道的动物，受着一切动物行为规律的支配。

莫里斯当然很了解，把人与动物放到平起平坐的位置会激起怎样的愤怒和指责，他早有心理准备，知道有一些人"一想到自己卑微的起源和出身就不免觉得有些恼怒"。既然如此，那些铺天盖地而来的怒骂当然也就不会让莫里斯感到奇怪了，他比达尔文的心理承受能力强多了。

不仅如此，莫里斯还反驳了那些对人类的未来抱乐观主义的思想，他不认为科学的进步有能力压倒人类的生物冲动，因为人类原始的动物本性绝不允许这样做。换句话说，如果人类没有了动物的本性，也就不是真正意义上的人了，那是神。

美国加州大学生物学教授、美国国家科学院院士戴蒙德于1992年出版了另一部打击人类自尊心的著作——《第三种黑猩猩》。这本书的主题就是书的名字：人类只不过是两种黑猩猩之外的第三种黑猩猩而已。

目前看来，科学界对人类的本质已经达成了一致，观点与达尔文完全相同：我们不是天之骄子，至多算得上是有一点儿运气，在性生活方面比其他动物享受得更多，而在其他动物性方面，都没有突飞猛进的发展。我们不但是凡夫俗子，甚至我们根本就是一种动物。

动物最关注的，是不是关于性的话题？

事实上，性一直是进化论领域的重要话题，因为生物的任务无外乎生存和生殖。生殖有时甚至会压倒生存，许多生物都会为了生殖而不惜牺牲性命。对于大多数生物而言，要想生殖，就必须交配；要想交配，就必须寻找合适的交配对象。选择交配对象的过程，就是性选择。关于性选择的争论，一直都是进化论领域最受关注的问题，当然也是争论最为激烈的问题。这个争论由达尔文和华莱士首先挑起，从他们那时起，一直争吵到现在，似乎仍没有一个完结。

恼人的秋风不断吹拂，年轻的恋人陷入了无尽的相思，剪不断理还乱的情绪无时无刻不在折磨着少女柔弱的内心，同时也在折磨着进化论先驱的大脑。

第**7**章

性选择的波折

男性科学家不愿意接受性选择理论，他们觉得雄性接受雌性的选择很伤自尊。而女性科学家又很少知道性选择理论。

——克罗宁

伦敦动物园里有一只孔雀时常张开美丽的大尾巴，昂首挺胸地在一个郁闷的大胡子老男人面前走来走去，无聊地炫耀着光鲜无比的羽毛。"大胡子"很生气，在他看来，孔雀这一套漂亮的行头实在没有道理——如此鲜艳，异常夺目，虽然在文明人眼里这是美丽的象征，但在饥肠辘辘的丛林野兽看来，孔雀什么都不是，只不过是一盘打扮得花里胡哨的美味鸟肉而已。

冷切肉也要打扮起来，有道理吗？

这个看着孔雀生气的老男人就是达尔文，他曾经亲口说过："我一看到雄孔雀华丽的大尾巴心里就烦。"

其实，当时让达尔文烦恼的东西还有很多，比如人类的眼睛，结构如此精妙复杂，这是怎么进化来的呢？眼睛虽然结构复杂，但毕竟有用，有用的东西当然有资格复杂一点儿。孔雀的大尾巴则不然，那玩意儿豪华、夸张、鲜艳无比，再加上雄孔雀趾高气扬有恃无恐地在那里唯恐天下不乱地显摆、炫耀，而且尾巴又不是衣服，不能披在身上保暖，它只不过就是一根尾巴！

如此豪华的尾巴到底能有什么进化意义？

有很长一段时间，达尔文对此完全想不通。他不得不面对神创论者的唠叨："孔雀的尾巴之所以如此好看，是因为那是上帝创造给人类欣赏的。"

达尔文当然不能接受这种解释。根据他的理论，尾巴必定对个体生存有某种好处，但孔雀的尾巴能有什么好处呢？那只是一种明显的浪费，毫无理性，早该被淘汰掉，可是孔雀现在还活得好好的。这个事实和自然选择理论存在明显的冲突，而事实是不会错的，所以必须对此加以解释。如果解释不通，那就必须修改自然选择理论。

达尔文当然不愿意让自然选择理论垮掉，所以他决心解决这个问题。

经过深入研究，达尔文发现了一个普遍现象：与雄孔雀的豪华艳丽相比，雌孔雀却长得灰不溜秋的，其间的反差与公鸡和母鸡的对比差不多。此外，从昆虫、鸟类、鱼类、爬行动物直到哺乳动物，只要实行有性生殖，存在雌雄两性，几乎都存在相似的模式：雄性华丽夺目，雌性低调朴素。其中大概只有女人是个例外，这也是让华莱士产生错觉的原因。

为了解决雌雄之间的差别，达尔文把目光锁定在雄性身上——如果能搞定花里胡哨的雄性，问题就可以迎刃而解。为此，他于1871年出版了《人类的由来及性选择》，正式提出了"性选择"理论。

简而言之，性选择理论认为，虽然孔雀的大尾巴对生存可能不利，甚至有害，却能讨雌孔雀的喜欢。雌孔雀只愿意和打扮得最豪华、最夸张的雄孔雀交配。而对于雄孔雀来说，这是"莫须有"的事情，雌孔雀的爱好就是最大的道理，雄孔雀必须把自己打扮得华丽夸张，然后到处张扬炫耀，才有机会繁殖后代。性选择中的失败者不会立即饿死，但会绝后！

为了介绍性选择理论，达尔文提出了很多名词。比如雄性与雄性大打出手，获胜的英雄自然可以抱得美人归，这是性别内选择；如果雄性动物全部文质彬彬，没有谁愿意冲冠一怒为红颜，那只好大家一同接受雌性选美，有幸被挑中者，当然就可以直奔洞房而去了，这是性别间选择。

性选择也可能有例外。如果雄性稀缺成为抢手货，雌性也会大发雌威，成为蛮横的竞争者。雌蝾螈会悄悄偷走雄蝾螈的精囊袋。雌产婆蟾则更加残暴，如果发现配偶出轨，在自己眼皮底下和其他异性交配，它会愤怒地将这对苟合的家伙撕成碎片。有本事的雄麻雀常常会娶两个雌麻雀做"老婆"，这两个"老婆"就会争风吃醋，甚至偷偷把对方产的蛋啄碎，无所不用其极。

但性选择仍然主要是针对雄性进行的，并逼迫雄性努力发展某些性状：性别内选择的动物，出于竞争的需要，雄性会越来越威猛，因为它们需要直接开打，比如狮子、老虎和海豹等。此外还有一些奇特的战斗方式：雄锹形虫的巨颚不但可以直接开咬，而且兼具恐吓和装饰效果；鳄鱼因为杀伤力太强，不适宜用大嘴互咬，所以改为快速转圈同时嘶声大叫；公鹿则在一起相对大吼，看谁吼的时间长、声音大。

性别间选择相对比较温和，一切由雌性决断，雄性只需要乖乖接受选择就好，它们不一定见面就要开打，而是在雌性面前排队展开公平竞争，看谁长得更漂亮，谁的歌更好听，或者谁的舞蹈更性感，再或者，更实际些的，谁拿来的彩礼更有诱惑力。此类软实力竞争的结果就是，一大批歌喉婉转的鸟儿在争奇斗艳，每一种鸟儿都会有自己的拿手绝活儿，世代相传，历久不衰。比较夸张的有美洲松鸡，它们会毫不含糊地翘起尾巴，脖子上的气囊不停地鼓气，同时噼啪有声，以此吸引雌性的关注。另一些昆虫则早已准备好大礼包，其中装满了食物以取悦雌性。也有一些可耻的骗子，比如有一种苍蝇，已经学会给"女友"送上一只空的礼包。澳大利亚红背蜘蛛在送礼包的时候则要提心吊胆，因为野蛮的雌蜘蛛会在交配过后毫不嘴软地把雄性吞入腹中——片刻的露水之欢并不能带来永久的相亲相爱。

问题是，为什么呢？为什么雄性动物要在雌性面前如此低三下四呢？有的甚至要冒着性命之忧去追求短暂的鱼水之乐，有道理吗？而且，雌性有选择的意识吗？难道它们懂得审美？

达尔文的回答是肯定的，他坚信动物同样有审美情趣，这与他的一个重要原则有关，即认为人类从动物进化而来，两者是连续的进化体系。既然如此，但凡人类拥有的本领，动物也应该有，审美能力也不例外。

那么，雌性为什么有选择权？为什么雄性要心甘情愿接受雌性的挑选呢？

达尔文认为，雄性动物接受挑选，实在是情非得已。雄性动物的数量往往偏多，雌性的数量则相对偏少，处于性活跃期的雌性更是有限。而且，雄性动物的精子多得数不清，雌性的排卵量却很少。拿成年女性来说，一个月只排卵一枚，而正值盛年的男性每次挥洒的精子数量都达到一亿以上，精子就这样贬值成了"大路货"。

在资源不对等的情况下，如果雄性仍要大耍君子风度，结果可想而知。所以，雄性动物不得不放下身段接受雌性的挑选，以争夺那一枚潜在的卵子。

但雄性动物没有彻底失败，片刻欢愉之后，雄性基本可以继续浪迹天涯。生儿育女之类的繁重任务，往往全落在雌性头上。更严重的是，在养育儿女的过程中，雌性还要面临着严酷的生存危机。所以，雌性有权对雄性挑挑拣拣。这就是达尔文的支持者贝特曼在1948年提出的"生育投资不对等"理论。

结论是，在两性世界里，绝大部分雌性都有摆谱的本钱。因为它们有珍贵的卵子，并要付出艰辛的劳作来养育子女，所以有资格成为挑剔的选择者，而浑身装满了"便宜货"的雄性只能自降身价，俯首接受选择。

但为什么"一夫一妻"制的动物也要进行性选择呢？从理论上来说，不管怎样，大家似乎都能找到伴侣，雄性似乎不需要费力把自己打扮得花里胡哨。可是，有些"一夫一妻"制的鸟类，雄鸟仍然长得光彩照人。它们的目的何在呢？

其实在达尔文那个时代，动物学家对于动物行为的认知并不清晰，他们往往误以为有些鸟类是典型的"一夫一妻"制动物，比如英国野鸭和鸳鸯等。事实上，它们都不是"一夫一妻"制动物，而仍然是"一夫多妻"制动物，所以雄性之间暗中存在激烈的竞争，当然要比雌性长得更加漂亮。但达尔文并不了解其中的真相，他只是根据当时的认知，相信那些鸟儿是"一夫一妻"制动物，并为雄性找到了另一个漂亮的理由：先下手为强！

达尔文假定，先成熟的雌鸟最健康，这个假设是有道理的，因为不健康的鸟儿各方面发育不均衡，就无法按时成熟。先成熟的雌鸟自然要寻找先成熟的雄鸟交配，可是鸟儿没有身份证，无法直接查询年龄，这时，是否长得漂亮就作为成熟与否的重要标志。很明显，只有成熟的雄鸟才有充足的雄激素，因而才能长出漂亮的羽毛。所以，"一夫一妻"制也存在性选择。

不仅是漂亮，凡是可以用来炫耀的东西，都可以作为性选择的标准。比如枝枝杈杈的鹿角，本来很让人费解，因为有的鹿角长得太长了，长到了离谱的地步，看上去就觉得头上顶着这么大的东西简直是太累了，浪费资源不说，逃跑起来也不麻利。如果不用炫耀理论来解释，巨大的鹿角简直一无是处，比孔雀的尾巴还没有用，起码孔雀的尾巴看起来令人赏心悦目。

达尔文走得更远，他不但把鹿角和羽毛纳入性选择体系中，而且把男人的思想、勇敢和坚毅的品质与发达的肌肉，统统列为可供女性选择的指标。在知识时代，肌肉男渐渐式微，似乎在验证着达尔文的这一想法。

但在很多人的观念中，选择与审美情趣是人类独有的能力。所以性选择理论刚一提出，就遭到了许多科学家的强烈抵制，特别是男性科学家，对于动物审美的说法非常不满，因为他们不愿意承认雄性需要接受雌性的选择。正因为如此，以华莱士为代表的强达尔文主义者对性选择理论展开了猛烈批评。他坚定地认为，性选择是根本没有必要的理论，是达尔文主义中一项严重的歪理邪说，无形中削弱了自然选择的权威地位。华莱士指出了一个简单的事实：有一些体色鲜艳的漂亮小鱼是体外受精的，雌鱼将卵排在水中，这些卵和谁的精子结合，雌鱼几乎没有发言权，有时这些雌鱼连雄鱼的面都见不上，当然也就根本谈不上什么性选择，但这些小鱼依然体色鲜亮。也就是说，体色并不是性选择的结果。

更有甚者，有些雌性昆虫会与很多雄性交配，往往来者不拒，然后把精子贮存在受精囊中，以便慢慢享用。在它们体内展开的是精子竞争，而非雄性个体之间的竞争，由此推出的结果也是相同的——雌性无从选择。

为了系统地攻击性选择，华莱士提出了三项反驳意见：一、雌性没有健全的审美情趣。二、雄性装饰不应该成为交配的决定因素，也就是说，如果雌性仅仅是因为喜欢雄性身上的某种装扮就同意交配，那也太风骚和随意了些，自然选择是不会同意的。雌性应该有更成熟的考虑。三、就算雌性真的有所谓审美品位，比如鸟类，那每只鸟的品位就会不同。一只城市鸟和一只乡下鸟之间肯定会有审美差别，这样会让雄鸟无所适从。并且，品位是变化的，说不定雌鸟今天喜欢红色，明天就会喜欢绿色。人类不同时间的不同流行时尚充分证明了这一点。而没有一个固定的审美模式，也就无法产生固定的体色和花纹。

华莱士相信自然选择一家独大，所有华丽的装扮和嘹亮的歌声，以及让人眼花缭乱的舞蹈，都只不过是自然选择的结果，与性选择毫无干系。雄性的所有古怪行为并不是为了讨好雌性，而是另有他用。

华莱士说这话是有底气的，他在动物体色方面有独到研究，正是他解释了大多数动物和植物的色彩问题，他把所有体色归纳为两类：一类起到保护作用，一类起到吸引作用。比如毛毛虫的鲜艳体色起到了警告捕食者的作用。长颈鹿身上的迷彩是另一个很好的实例。斑马精美的花纹可能也是为了更好地隐入黄昏斑驳的光线中，或者减少某种蚊虫的叮咬。这就是保护色。而鲜艳的花朵更容易吸引蜜蜂和蝴蝶，便于顺利开展传粉工作。这是颜色吸引作用的重要表现。所以动物出现缤纷的颜色并不令人奇怪。

与达尔文盯着雄性的华丽色彩不同，华莱士另走他路，他盯上了雌性灰扑扑的装扮。根据保护色理论，雌性的暗淡色彩很好解释，因为它们往往需要呆坐着抱窝孵蛋，所以色彩不能亮丽，否则就是坐着等死。那么雄性的华丽行头也不是问题了。在华莱士看来，自然界天然就有五彩缤纷的倾向。在撤去自然选择力量的人工条件下，中国培育出了色彩斑斓的金鱼，就是很好的证据。也就是说，长出一身艳丽的羽毛来并不难，难的是不让它们长出来。

对于那些两性都很漂亮的鸟儿，华莱士认为那是因为它们的窝筑得比较隐秘，比如在树洞里，所以雌性略漂亮点儿也不至于会死。而另一种现象也在支持华莱士的观点：那些雌鸟长得比雄鸟还要漂亮的种类，恰恰是因为雄鸟承担起了抱窝孵蛋的艰巨任务。所以雄鸟必须低调，而雌鸟可以张扬。

然后华莱士又补充了体色的识别作用，比如特定的体色可以为动物提供识别标记，这样大家才能很容易互相认出对方是不是自己人。否则一有不慎，交配时搞错了物种，那可就糟大了。明明是一条狗，却天天去追求一只猫，算是怎么一回事呢？就算两情相悦，也无法产下自己的后代——不能互相识别的物种当然会被自然淘汰。

　　总体而言，华莱士认为雌性的朴素体色是为了自我保护，雄性的亮丽体色则是大自然的本色表现，是生理活动合成的色素副产品，可以警告、吸引，有时还可以当作物种识别标记，此外不需要过多解释，特别是不需要性选择的解释。

　　如果说华莱士已经解决了雄性的亮丽体色问题，他还得解决雄性动物的炫耀行为。它们又是唱又是跳又是展现华丽的羽毛，具有明显的炫耀性质，这又是怎么回事呢？

　　华莱士不承认这些行为是在供雌性选择，因为有些羽毛难看的鸟儿也照样有炫耀行为，这不是自取其辱吗？所以他认为，这些无聊的动作只有一种用处，就是消耗发情期积累的过多能量。青春期的少年喜欢惹是生非是基于同样的原理。还有一种现象特别支持华莱士的这一说法，如果一种鸟儿会唱歌，那么它的跳舞水平就很一般，反之亦然。因为只要有一种方法来消耗能量就足够了，唱歌也是很累人的，特别是叫天子，边飞边唱。

　　但问题又来了，如果雄性不是为了炫耀，为什么非要跑到雌性面前去又跳又唱呢？华莱士的追随者给出的解释是：因为处于发情期的雄性看到雌性时，受性激素的影响，心情最为摇荡。

　　至于雌性，就算它们在欣赏雄性的炫耀行为，那也只是纯粹的欣赏而已，就好比是在看一场免费表演，它们并不会为此做出某种选择。跳舞好看或打扮华丽并不能当饭吃。华莱士以人为例，女人可能会喜欢某个男人的小胡子，但不会只因为这撮小胡子就以身相许。就算女人会因为某个小伙儿个子高长得帅而芳心大动，那是因为在个子高长得帅的表象之下，隐藏着营养充足和精力充沛的实际好处。但达尔文不这么看，他坚持认为女人就是为了欣赏美。

总而言之，华莱士认为，雌性对雄性的选择，就好比是对筑巢地点的选择，或者是吃哪条毛毛虫的选择一样，并无特别之处。把所谓性选择单列出来与自然选择并行，纯粹多此一举。

可以看出，关于雌性选择的标准，华莱士注重实用性，达尔文则看重美感；华莱士坚持性选择顺应自然选择，达尔文则认为性选择与自然选择并驾齐驱，两者同等重要。

华莱士的优势在于，他对动物学的了解要比达尔文更加全面，对各种动物的性状如数家珍，随便举一个例子都具有极强的说服力。正是由于华莱士的批评，性选择理论被压制了一百多年。当时达尔文承受着巨大的压力，他不断回应华莱士等人的批评，却无力说服任何人。不过达尔文并没有妥协，他在临死前的几个小时还坚持说："我竭尽所能，仔细衡量过各种反对性选择原理的论调后，依然相信性选择理论的正确。"

当两人谁也不能说服谁时，只能求助于实验观察来做裁决，不过这种实验的要求很高。因为人为条件会影响动物的择偶情绪，很难得到可靠的结果。而在自然条件下观察到的结果往往又是差别不一，有的甚至互相矛盾。剩下的路只有一条——继续争论。

时光飞逝，在不断的争吵中，很多进化论大师级人物都卷了进来。一百多年过去了，仍然没有定论，但趋势很明显，达尔文的性选择理论受到了男性生物学家不同程度的抵制。他们坚持认为，在各种形式的竞赛中获胜的雄性，就自然而然地获得了与雌性交配的权力。雌性在这个过程中并不做出选择，也无力选择。达尔文的支持者在这场争吵中处于下风，但华莱士的追随者也没有笑到最后。

在这期间有一个反对性选择理论的重量级人物，他就是现代遗传学的创始人摩尔根。这位大师用果蝇研究遗传学取得了前所未有的成功，得过诺贝尔奖，但他过度依赖遗传学，曾经一度不承认任何选择，无论是自然选择还是性选择。根据他从果蝇中得出的结果来看，生物就只是突变、遗传，然后个体刷新，所以他认为遗传学应该取代自然选择在物种进化中的核心地位，换句话说，他是孟德尔主义者。不过在1925年出版的《进化论与遗传学》一书中，摩尔根对进化论已经有了新的认识。

摩尔根之所以反对性选择，是基于部分生物的性逆转现象，有的雌性会突然变成雄性，反之亦然。既然生物的性别都能转来转去，那么说谁选择谁，又能有多大意义呢？并且，他觉得达尔文根本不能解释清楚为什么雌性会有审美能力。

再往后，当代进化论大师迈尔也对性选择持否定态度。

似乎确实有大男子主义在作怪，直到1988年，才有一位男性生物学家穆勒用欧洲仓燕做了一个实验来详细研究性选择，并把结果发表在《自然》杂志上。这个实验被认为是性选择理论重振雄风的转折点。

欧洲仓燕冬天在非洲度过，春天飞回欧洲，一群有八十只左右。到达目的地以后，雄鸟们就立马下手抢地盘，然后勾引雌鸟。一旦人员凑齐，"小夫妇"就可以筑巢生孩子了。

强调一下，这种鸟看起来似乎采用的是"一夫一妻"制：雌鸟负责抱窝，雄鸟外出捕食，双方共同哺育子女。其实不然，它们在私下里往往会做出偷情的勾当，这几乎是所有假装"一夫一妻"制的鸟类的通病。

为了观察雌鸟到底有没有对雄鸟进行选择，穆勒做了这么一件事情。

　　雄鸟的尾巴都比雌鸟的长。穆勒认为，如果存在性选择，尾巴应该是重要的选择标准。所以，他抓住四十四只雄鸟，把部分雄鸟的尾羽剪短，然后又将剪下来的羽毛粘在另一些幸运鸟的尾巴上。经过处理，这些鸟的尾巴有长有短，有的对称，有的则被剪得乱七八糟，然后它们被放出去追"女朋友"。

　　结果很有趣，那些尾巴又长又对称的帅鸟果然受到了更多雌鸟的青睐，它们迅速找到了"女朋友"并很快有了"孩子"，然后还有时间再来第二窝。在雌鸟眼里，这些尾巴长而对称的雄鸟无疑是它们世界里的大明星。令人同情的是，傍上了大明星的雌鸟在享受爱情的同时，不得不忍受那些坏蛋在外面拈花惹草搞婚外情。而戴绿帽子的，基本上就是那些短尾巴的菜鸟。

　　那么，长而对称的尾巴能有什么好处呢？主流的解释是，尾巴长而对称，表明雄鸟很健康；颜色越是鲜亮，羽毛中的寄生虫就越少。而这种解释，似乎正符合华莱士的理论，仍属于自然选择的范围，即因为健康，所以入选，而不是因为漂亮而入选。

　　严重的是，就算有些雌性真的在做选择，雄性也有强力的反击措施。比如，雌鼠受精后，如果误入其他雄鼠的地盘，就会被雄鼠释放的体外激素刺激而流产，然后这些雄鼠才有机会霸王硬上弓，使雌鼠怀上自己的孩子。雌性的选择权在这里受到了极大的挑战——它们一再被凌辱，根本没有选择权。

　　但在另一方面，性选择又似乎无处不在。如果细心一点儿，似乎在人类身上到处都能看到性选择的影子：年轻的小伙子整天游手好闲，就算他们不关心所有天下大事和哲学问题，也会极度关心自己的外表，头发尽量梳理得油光可鉴；衣服最好全是名牌；目光轻浮，但竭力表现出深沉；面对女生，更是要努力做到举止得体，潇洒大方。如果可能，最好能在结婚之前就骗到一大批女生。

由于实行一夫一妻制，女人似乎失去了自然界里无处不在的雌性优势，为了抢得如意郎君，她们不得不放下身段，想方设法地把自己打扮得光鲜可人，尽量让自己看上去清新亮丽。所以化妆用的胭脂铺天盖地而来，那样会让女人看上去红光满面，对于自然选择而言，那就是健康的标志。胸部当然要大，那样才会给后代供应充足的奶水。这些都是争取男性青睐的重要指标。

对此双方都只能各退一步，自然选择固然重要，但性选择也不是可有可无。毕竟生命的主要任务是生存和生殖，当把生殖列为第一要务时，性选择与自然选择可以在某种程度上达到统一：生物必先通过自然选择这一关，才有资格经受性选择的考验。性选择在利用自然选择寻找更优秀的伴侣。如果生存都成问题，又何谈生殖？另一方面，如果无法生殖，生存又有什么意义？因此，生殖与生存皆不可偏废。这也就是自然选择与性选择都有道理，都无法彻底击倒另一方的主要原因。大批学者因此而左右摇摆，也就可以理解了。就算是达尔文和华莱士，也往往把握不住自己理论的要点，他们有时在争论中不自觉地倒向了对方却难以自知。后来的各种争论也一再出现这种情况：明明是为了捍卫自己的理论，却给出了有利于对手的论述。并不是这些智者头脑糊涂，实在是因为这是一个背景非常模糊的话题。

关于性选择争论的总体倾向是，把性选择和自然选择分开来研究，会使研究变得更加简单清晰。然后把相关研究做一些理论上的联系，使这两种选择虽没有自成一家，却也不会相隔千里，都是进化论的有机组成部分。

性选择研究还引出了另一对基本矛盾，那就是自私与合作的矛盾。通过简单的观察就可以发现，雌性和雄性为了传播各自的基因，必须进行合作，所以有性生殖是自私与合作的统一体，而其中的具体机制，则成为另一个争论的焦点。

第 8 章

自私与合作的冲突

进化论的麻烦在于，每个人都自以为理解它。

——莫诺

根据自然选择理论，生物必须不断寻找生存机会，否则就可能会被淘汰。从这种意义上说，生物必须自私。但事实上，合作互助在动物界乃至整个生物界都不是单独现象，无论简单的还是复杂的生命形式，都存在一定的利他行为。

　　质粒是一种环状脱氧核糖核酸（DNA）分子，有极少为核糖核酸（RNA），如果你愿意，完全可以把它们看作是生命。它们主要生活在细菌中，并在细菌之间转移，与细菌形成类似共生的关系：它们利用细菌提供的设备自我复制，并为细菌提供某种程度的保护，比如对抗抗生素。令人吃惊的是，这种小小的环状DNA竟然也可以表现出利他行为，当环境不利时，部分质粒就会指导它们所在的细菌合成一种毒素，把这个细菌杀死。如果认为质粒有生命的话，那么它们自己也同时被杀死了。

　　质粒的死亡带来了什么结果呢？它们所寄生的细菌被杀死后破裂，将毒素释放出来，继而杀死附近没有质粒的细菌，而含有这种质粒的细菌可以免遭厄运。通过这种奇特的方式，这个质粒以自己的死亡帮助了其他序列相同的兄弟质粒。那些兄弟质粒所在的细菌因为竞争得到缓解而生活得更好，体内的质粒自然也会过得更好。

这种牺牲自己而帮助同类的行为，就是典型的利他行为。

利他行为大致可以简单地分为亲缘利他、互惠利他和纯粹利他行为。亲缘利他行为一般出现在亲族之间，蜜罐蚁和蜜蜂的行为即属于此种类型。

在蜜罐蚁蚁群中，各类蚂蚁有严格的分工。其中有些工蚁的生活极为奇特，它们什么事都不做，一辈子都被吊在蚁巢顶部，腹部因极度膨大而透明。相比之下，它们的头部竟然变成一个淡淡的褐色小点，而它们的肚子里塞满了食物，纯粹是作为其他工蚁的食物仓库而存在，并且有一定的保质期。这些大肚子的家伙明显是在做一件利他的工作，因为那实在没有什么意趣可言，连朋友都找不着。

而蜜蜂的表现更是出格。蜂后的女儿不生育子女，却一生勤勤恳恳地喂养自己的兄弟姐妹，它们并不期望从中得到什么好处——它们根本不产生后代！

高等动物也是如此，鲸鱼会背着行动不便的同伴到处游动，以帮助它们恢复健康；不可一世的雄狮可以为了共同利益而结成终身战斗小组；狒狒的举止更是感人，遇到险情时，狒狒群中的带头大哥往往会大吼一声，一边让同伴躲开，一边奋不顾身地向敌人冲去，拼命掩护同伴撤离险境。此种壮举，就算是古代的江湖好汉，恐怕也要抱拳相向。

汤姆森瞪羚是研究利他行为的著名样本，这种动物在发现敌人后会高高跳起，以此提醒伙伴注意危险来临。跳跃者本身会因为过于招摇而暴露在捕食者的血盆大口之下。除此之外，很多动物都有不顾危险的明显报警行为，特别是鸟类的报警行为最为典型，因为它们惊恐的叫声往往也会被人类听到。

另一种利他行为称作互惠利他。在互惠利他行为中，个体之间不一定存在亲缘关系，甚至存在不同种之间的互帮互惠。比如海葵与寄居蟹，海葵的刺细胞可以保护寄居蟹，寄居蟹则可以背着海葵到处寻找食物，两者离了对方日子都不好过。白蚁之所以能够啃噬木材，是因为其肠道寄居着一种鞭毛虫，可以帮助白蚁消化木材纤维，当然，它们在白蚁的肚子里也温暖舒适。

在鹰捉兔子的游戏中也存在互惠关系。几只鹰会临时组成战斗小组，一只先在地面乱走，把草丛中的兔子吓出来，然后空中盘旋的鹰就会飞速下击。通过合作，捉兔子的成功率就会大幅提高。

有一种吸血蝙蝠，只能靠吸食其他动物的鲜血为生，连续三夜吸不到血就会饿死。但是吸血这个事情很有挑战性，所以并非每只吸血蝙蝠每夜都能吸到血。而它们已经发展出了一种互助机制，吸到血的蝙蝠会很大方地把血吐给身边快饿晕了的伙伴，大家得以共渡难关。这种行为听起来是如此高尚，几乎不会因为吸血蝙蝠这个令人毛骨悚然的名字而受到半点儿削弱。

如果说前面两种利他行为听起来还可以理解，毕竟所有个体都可以从中获利，那么第三种利他行为，也就是纯粹的利他行为，则有点儿不可思议了。纯粹利他似乎是在不求任何回报地牺牲自己造福别人。这种行为大多发生在人类身上，当然，动物也有，比如螳螂，这种冷峻的动物在举手投足之间都充满了高贵气质，其婚姻形式却让人大跌眼镜。交配之后，雌螳螂就会毫不心疼地将雄螳螂吞入腹中，而此种惨无人道的暴行绝非雌螳螂所特有。悲壮的雄螳螂似乎就是在从事纯粹的利他工作，把自己当作甜品，心甘情愿地送给雌性品尝。

保卫蜂巢的蜜蜂不但勤奋，而且勇敢，它们总是毫不犹豫地用尾刺扎向敌人，并把刺留在敌人的皮肤里，同时拉出毒腺和内脏。它们的生命虽然因此而断送，但它们的使命并没有就此结束，尾刺在敌人身上不断散发出报警物质，以召集其他战士继续参战，直到把敌人蜇到浑身肿胖逃之夭夭方才罢兵。

非洲白蚁群中有一种兵蚁，专门负责作战，它们会从嘴里喷出一种黄色液体，把自己与敌人黏着在一起然后厮打。有时由于用力过猛，甚至会导致腹部炸裂，黄色液体便四处喷射，杀伤力极强。当然，它们自己也会当场丧命。

只要认真寻找，还可以发现很多出人意料的利他行为，比如放弃食物也是利他行为。母亲饿着肚子却要把唯一的一块饼塞进孩子嘴里，这始终是文学作品中最感人的场景。对对手的容忍也是利他行为，明明有实力把对手置于死地，却有意高抬贵手放他一马。

利他行为是对达尔文理论的严重挑战，因为那似乎不利于生存需要。达尔文曾对此大感不解，承认这是自然选择理论需要特别解释的反例。因为生存竞争和利他行为，是两个无法兼容的现象，很难在同一个理论体系中同时得到完美解释。虽然达尔文不承认大自然的每一个爪牙都沾满了血腥，但也还不至于宽容到允许生物界到处都充满和谐与友爱。而事实上，利他行为几乎遍地皆是。撇开人类报纸上充满正义与友爱的报道，从单细胞生物到黑猩猩，似乎都懂得利他行为，并且也都做得像模像样。

从自然选择的角度看，生物个体完全应该理直气壮地自私自利，争夺资源不需要任何理由，当然也没有理由帮助他人。对于这种明显没有理由的行为，达尔文没有提出更好的解决办法，华莱士对此也是一筹莫展。

第一个对生物互助现象进行系统考察和研究的是俄国贵族克鲁泡特金。达尔文出版《物种起源》后，克鲁泡特金正在中国东北进行考察，并一直深入到黑龙江和松花江流域，后因政治原因而辗转流亡，1886年移居伦敦。安居以后的克鲁泡特金开始撰写大量著作，并于1902年出版《互助：一个进化的因素》。与达尔文的生存竞争观点不同，他主张动物界还存有另一种重要的法则，那就是互助合作，组成群体的动物更适于生存，而那些不懂得互助合作的动物更容易灭亡。

基于这种认识，克鲁泡特金提出了著名的无政府主义理论。他认为人类社会应该是松散结合的团体，以简单的互助与合作的形式组成社会，而不需要政治、宗教和军队的强力干预。然后他走得更远，提出取消私人财产，实行按需分配。这一理念与当时的苏联有着许多共同语言，所以克鲁泡特金死前受到了苏维埃政府的优待。

克鲁泡特金的缺点是，他毕竟不是一个严格的生物学家，充满理想主义的描述本身就是一个缺陷，他对合作进化的概念表达得也过于模糊。但由于生物学家本身对于利他行为也缺少足够的认识，一直没有开展系统性研究，这才让克鲁泡特金一战成名。

当利他主义对进化论造成的困扰越来越大时，有学者才开始认真研究这个问题，大批真正的科学假说才纷纷出台，有些观点听起来很有道理，可以给人以完美的智力洗礼。

英国著名生物学家爱德华兹于1962年出版了《群体选择理论》，对利他主义展开了深入探讨，并产生了极大影响。群体选择理论认为，遗传进化是在种群层次上进行的，个体的利他行为有利于种群的整体利益。种群的生活水平提高了，个体的生活水平当然也就随之提高了。这是对利他行为最基本的理解，但并没有从根本上解决问题，因为个体缺少为群体献身的内在动力。

1964年，汉密尔顿又提出了亲缘选择理论，开启了对利他行为的系统研究。亲缘选择理论，又称作汉密尔顿法则。该理论认为，利他行为主要出现在亲族之间，亲缘关系越近，利他行为越是明显。因为亲缘关系越近，表明它们体内的相同基因越多。帮助他人的同时，其实是在间接地帮助自己。

比如，在与人类相似的物种中，父母各有一半的基因信息遗传给子女，所以父母与子女之间有一半的基因是相同的，亲缘关系就是1/2。而兄弟姐妹之间也同样拥有一半的相同基因，亲缘关系同样是1/2。同卵双胞胎的基因则完全相同，亲缘关系因此最大，为1。以此类推，祖父母与孙辈之间的亲缘关系只有1/4。经过不同的婚姻链条，每个人之间的亲缘关系都是可以计算的。

亲缘选择理论最漂亮和直接的陈述就是，在特殊条件下，如果可以牺牲自己去换取两位兄弟的性命或是八个表兄弟的性命，也是一个不亏本的买卖。

蜜蜂的社会分工是各种理论都关注的焦点，而亲缘选择理论对此做出了最漂亮的解释。

蜜蜂虽然也有雌雄两性，但与人类的生殖方式略有不同，蜂后产下的卵子不经受精也可以发育成个体，那就是雄蜂。在一个蜂巢中，所有雄蜂的基因都是其母亲的一半。如果卵子受精，则会发育成二倍体的工蜂，它们有一半基因与母亲相同，一半与父亲相同。未来会有一个幸运的工蜂被培养为蜂后。

所以，一个蜂巢中会有三类蜂：蜂后、雄蜂和工蜂。蜂后最幸福，整天啥事不做，主要任务就是交配和产卵。每个蜂巢只有一个蜂后，每只工蜂都在为蜂后服务，以此保证蜂后可以得到最好的照顾和最优质的营养。如果出现两只蜂后，就意味着要分家。

雄蜂虽然没有蜂后幸福，但也不算太辛苦，它们的任务非常简单，只负责与蜂后交配，只不过交配工作有很大的风险。因为在激情四溢的飞行交配之后，雄蜂的生殖器很容易被拉断，它们会因此而丧命，平均寿命只有几个月。

雄蜂忍痛舍弃生殖器，是为了堵住蜂后的生殖道，防止蜂后再与其他雄蜂交配，但事实上此举收效甚微。因为蜂后在每次交配后都会飞回蜂巢，由工蜂帮忙取出前夫的生殖器，然后飞出去继续"大战"其他雄蜂。

经过多轮交配之后，蜂后会将收集到的精液贮存在体内，在以后几年中，就靠这些精子来给卵子授精。虽然蜂后的老情人早已命丧黄泉，但蜂后并不会怀念它们。

雄蜂因为没有其他手艺，一旦蜂巢中营养不足，就会首先被工蜂处理掉，沦为蜂巢中的垃圾。

工蜂，顾名思义，就是不停地工作的蜜蜂，它们包揽一切脏活儿累活儿。工蜂也有内部分工，有的负责采蜜，有的负责当饲养员，甚至有些工蜂专门负责处理生病和死亡的蜜蜂。所以蜜蜂是高度社会化的生物。

其实所有工蜂都有机会发育成蜂后，只是受到了蜂后的激素控制，加上营养不足，所以只能停留在工蜂层次，每天做苦力。

研究人员起初认为，在这样的蜜蜂社会中，有一个不符合达尔文理论的现象：工蜂虽然整天忙忙碌碌，却不能生育后代。它们只是在做毫无保留的利他工作而已，为什么还要辛苦忙碌呢？既然无法生育后代，这种性状又为什么能保留下来呢？

汉密尔顿运用亲缘理论来解释这一现象，并得出了相当满意的结果。工蜂忙忙碌碌，是有其生物学原因的。因为每只工蜂和它们的姐妹之间存在着巨大的基因共性，它们都从父亲那里继承了完全相同的基因，然后又从母亲那里继承了一半的基因。所以，工蜂和姐妹们之间的亲缘关系是3/4，而蜂后和工蜂之间的亲缘关系是1/2。也就是说，工蜂姐妹之间的亲缘关系要比母女之间的关系还要近。

如此一来，工蜂的行为就可以理解了。假如一只工蜂自己生育，它与子女的亲缘关系也只有1/2，反而不如好好照顾蜂后，让蜂后为自己生育更多的姐妹。由于工蜂和姐妹之间的亲缘关系是3/4，这就意味着姐妹要比后代更划算，可以复制更多自己的基因。因此工蜂乐于照顾蜂后，让它成为高效的生育机器。

而在雄蜂与工蜂之间，也就是兄妹之间，情况又有不同。因为雄蜂是单倍体，与工蜂之间的亲缘关系远不如人类的兄妹关系亲密，只有1/4，三只雄蜂才能抵得上一个姐妹。既然如此，工蜂当然对雄蜂漠不关心了。只要雄蜂出现了一点儿问题，立即会被工蜂当作垃圾处理掉，免得占用蜂巢中的宝贵资源。

亲缘关系理论就这样漂亮地解释了蜜蜂群中不可思议的利他行为。

　　既然连蜜蜂如此极端的利他行为都可以得到很好的解释，那么其他亲缘利他行为就更不在话下了，人类社会同样如此。所以著名生物学家威尔逊认为，亲缘利他行为是人类文明的敌人。如果所有人都偏袒自己的亲人，那么这个世界就会永无宁日。大家都在为了各自团体的利益而前赴后继地战斗时，整个人类的悲剧也就随之而来了。

　　如果亲缘关系可以解释某些利他行为，那么没有亲缘关系的个体之间也会有利他行为，则多少令人迷惑。达尔文在《物种起源》中明确指出："没有任何一种本能是专门为了他人谋利而形成的，相反，所有的动物都在欺骗和利用对方。"

　　到了1981年，汉密尔顿和美国密歇根大学教授艾克斯罗德提出的合作进化理论却对此论断提出了挑战，他们把普通个体之间的利他行为定义为互惠利他，就是对彼此有好处的行为。

　　互惠利他理论认为，在特定情况下，普通个体之间发生利益冲突时，它们往往会选择合作而不是战争。合作的过程必然是互惠利他的，并以此期待得到对方更好的回报。

　　既然期待对方的回报，大家就必须经常见面才行，这样山不转水转，才有相逢报恩或收取回报的机会。所以，能够相逢和识别，是合作进化的基础。这种合作机制一旦形成，就会稳定地传播开来，因为大家都能从中获利。艾克斯罗德用"囚徒困境"模型来解释此类行为，并取得了极大成功。

　　假设有两个合伙犯罪的歹徒被警察抓了起来，为了便于审问，警察把他们分别关押审讯。在这种情形下，每个囚犯都面临着两种选择：一、供出同伙。这个简单，既然供出来了，那就直接定罪好了。谁先背叛谁得利。二、保持沉默。这样做也有好处，因为警察对他们俩都无法定罪，最后只有全部释放。不过，情况往往不是那么简单，警察也不是笨蛋，他们会设法拿出一点儿诱惑，让其中一人背叛另一人。因为根据第一条，首先认罪的可以被无条件释放，甚至可以得到一笔奖赏。罪犯当然也都希望能够早日回家，在自家里住着总比在监狱里要舒服一点儿。而被供出来的那个笨蛋就惨了，肯定会被加重处罚。

既然敢出来犯罪，总得有点儿脑子，这两个囚徒的头脑开始飞快运转。他们到底应该保密，还是背叛呢？从理论上来看，按照第二条办，保持沉默是最好的选择，似乎这样一来，你好我也好，大家好才是真的好。

可是，某个囚徒不得不盘算他的朋友会怎么做：他会不会把我供出来，然后带着一笔奖赏回家过快活日子呢？与其让他供出我，不如我先供出他。如果两人都这么盘算，就会出现最差的结局，两个人都会背叛对方，并因此双双被重判。没有人从中获利，除了警察以外。

不过，毕竟大家在一起打天下这么多年了，起码的信任还是有的，他不愿相信朋友在关键时刻会出卖自己。可惜的是，刚刚有了一点儿自我安慰，他又在想，朋友会不会担心我先做叛徒呢？如果他不放心我，岂不还是会先下手为强吗？

这样盘算来盘算去，他最后得出了一个结论：最保险的方法还是背叛朋友，把一切都告诉警察。因为如果朋友选择沉默，那么自己完全可以带一笔奖赏先回家。而万一朋友跟自己想的一样，也向警察告密，那么自己更不能选择沉默，那样只会得到最重的惩罚。

就这样，两个聪明的笨蛋最终做出了同样的选择——背叛对方。他们本想得到最大的利益，却携手收获了最悲惨的结果。他们怀着同样的内疚之情，被扔进监狱反省去了。

艾克斯罗德对这个著名的模型进行了改造，他组织了一场计算机比赛：参加比赛的选手扮演"囚徒困境"中的一方，把他们的应对策略编制成程序，然后随机配对玩"囚徒困境"游戏。任务很明确，结合对手的情况，在合作与背叛之间做出选择，以博取自己最大的利益，然后看哪一种程序会最终胜出。

与真正的"囚徒困境"不同，这只是电脑游戏，可以反复较量，发展到后来，对局双方还可以查看对手的档案资料，了解对方有没有背叛行为。这样一来，各人都可以把对方的脾性摸得很透。这种情形类似于平常的人际关系，大家抬头不见低头见的，当面一套背后一套的做法没什么用场。

研究结果很有趣，如果是一锤子买卖，只玩一个回合，那么，做个叛徒是首选。可是一旦玩的次数多了，各人对彼此相对熟悉，应对策略就会有所不同。当面对一个注重信用的人时，他在此前的游戏中从没有背叛记录，那么，为了获得最大利益，你也应该对他忠诚，这样双方获利，皆大欢喜。但如果对方是一个软骨小人，遇见谁背叛谁，那好，大家同归于尽吧。

在这种情境下，编制的程序也相当复杂。有的人不论对手如何，一律背叛，也有人全部合作。结果获得第一名的是采用"一报还一报"策略的程序：我不率先背叛别人，可一旦遭到别人背叛，那么我就以其人之道还治其人之身，以牙还牙，针锋相对。

经过多轮演练之后，生存下来的总是这个策略，其他策略都输得很惨。这个策略之所以胜出，是因为具有以下特点：一、首先，我不害别人，这是善意。二、如果对手犯过错误害过别人，我可以原谅，只要他跟我合作就行，这是宽容。三、如果对手不可理喻，悍然加害于我，那么我也会害他，这是强硬。四、我的原则很简单，大家都知道，这是透明的。

明白了这一原则，再来看现实生活中人与人或团体与团体之间的关系，大致也不过如此。就算是国与国之间的关系，在两次世界大战中也把"囚徒困境"表现得淋漓尽致。也就是说，这个原则，不仅仅是生物之间的合作策略，也是群体之间的合作策略。

这种策略具有自我调节机制和自我推广能力，会对违反策略者施以重击，使得叛徒无法安享晚年。在现实生活中，奸细和叛徒为人所不齿，有着深刻的生物学基础。

上面几种理论有时可以混合使用，以更好地解释更多现象。比如在吸血蝙蝠吐血喂食的例子中，就存在亲缘利他和互惠利他两种行为，其间存在着微妙的区别。当面对自己的亲戚时，蝙蝠吐出的血量相对较多；如果素不相识，吐出的血量就相对较少。它们在严格按照"囚徒困境"的玩法出牌：你给我的血多，我下次给你的也多；你不给我，我也不给你。在这种情境下，耍小聪明的蝙蝠虽然可能会一时得逞，但最终将面临被饿死的悲剧——那时大家都不喂它了。

在亲缘利他和互惠利他两种解释之外，还有一种怪异的理论，就是由华莱士提出，经扎哈维再诠释的"累赘理论"。这个理论可能听起来让人感觉不舒服，却有着不同寻常的说服力。

很多鸟儿都有放哨和报警行为，它们立在高高的树枝上，一旦发现天空有老鹰来袭，马上就会大声鸣叫，提醒正在地面寻找食物的伙伴紧急疏散。问题在于，大声报警是很危险的行为，正在空中盘旋的老鹰极有可能因此而发现报警者，并首先向它飞扑过去。所以，这只鸟似乎是在牺牲自我保护大家，理所当然地被看作是利他行为。

但在扎哈维眼里，事情根本不是这样的。他说，这只鸟儿并不是要警告同伙，恰恰相反，它是在告诉同伙："看，这里多危险，但是我不怕，我仍然会为你们报警，因为我足够强大。"

也就是说，累赘理论认为，个体承担的累赘越多，说明个体越强，因为它有这个能力负担得起这些累赘。所以，敢于放哨并勇于报警的鸟儿会被同伴看作是老大，因此能获得更多的交配机会。基于这种考虑，很多鸟儿都愿意充当这个角色，纷纷报名争做哨兵，一时间士气高扬。

有人把这个理论用于解释人类的某些行为，比如刺青，一个年轻人身上的刺青越多，就可以证明他的身体足够强壮，被刺得乱七八糟也在所不惜。很少有人见过一个萎靡不振的糟老头还会去刺青，因为没人会信他的虚假广告。

而另一个著名的案例，瞪羚的跳跃报警问题，也已被成功解决。看到狮子到来时，放哨的瞪羚会高高跳起，以此向正在专心吃草的伙伴们报警，但同时也把自己暴露在了狮子面前。这只瞪羚的举动太花哨了，简直就是不把狮子放在眼里。

一直以来，瞪羚都被当作群体选择理论的样板来加以宣传。但扎哈维认为，瞪羚并不是活得不耐烦了，它只是在用高高的跳跃向狮子证明："你看我跳得多高。拜托你还是不要费力来追我了，不如去追那些跳得不高的伙伴吧！"

虽然瞪羚的跳跃客观上起到了向同伴报警的效果，但那实在不是它真正关心的东西——报警只是一种附带效果而已。

此类的解释还有很多。比如有人认为，鸟儿的报警可以使所有鸟群一同惊飞起来。这样老鹰就有点儿无从下口，报警的鸟儿受到的威胁也就降到了最低。

而对利他行为提供系统的解决方案的，是1976年英国剑桥大学著名动物学家道金斯提出的"自私的基因"理论，他对利他行为做出了集大成般的解释。

道金斯认为，自然选择的基本单位不是物种，也不是种群或个体，而是遗传物质的基本单位，也就是基因。因为群体或种群都随时处于变化之中：老子生下儿子来，儿子已完全不是原来的老子，其中的变化，特别是基因水平的变化相当巨大，儿子的体内已经掺进了一半母亲的基因。群体更是如此，因为个体的变动，所以群体也一直处于变动之中。梁山泊的那帮好汉是一个有趣而恰当的例子，宋江上山前和上山后的人员组成明显不一样，但那帮好汉作为一个群体却一直存在着。也就是说，他们在被招安以前，作为一个群体，经受住了自然选择的考验。不过在道金斯看来，梁山泊的旗号虽然不变，人员组成却一直在变，被选择下来的，严格意义上来看，已不能说是原来梁山泊的那伙人了，有人早就被干掉了。

那么，在自然选择过程中，只有什么是不变的呢？当然是基因。

基因作为一个基本的复制功能单位，它们的序列一般不会发生大的变化，并与其他基因一道，通过精子与卵子的结合，从一个身体遗传到另一个身体，大致也不会受到什么损失。在时间的长河中，前赴后继的英雄们早已长眠地下，只有永远不死的基因不假思索地跨过英雄的躯体，一代代地接力传递，直到如今。无论是乞丐小偷，还是帝王将相，甚或才子佳人，都只不过是基因借以跨过时间长河的工具而已。在那些或勇武或娇俏的身体之内，细小的基因静静地躺在细胞核中，以复杂的方式操纵着机体的一举一动。它们没有任何感情，也没有任何计划，但所有这些操纵有一个明确的目的：继续向下传递基因。

要达到这一目的，注定了基因只能是自私的。所有生命的繁衍和进化都是基因寻求自身的生存和传递的结果。然而，自私也需要技巧。基因在漫长的岁月磨砺中培养出了一套极其精明的自私技巧。这些技巧之高超，甚至会被误认为是在利他。

道金斯洞察了基因的种种自私骗局，并用流畅的文笔把这一切记录在案，向世人揭示了基因的把戏，这就是《自私的基因》一书的主要任务。

道金斯在与神创论者论战的时候用语刻薄，但对自私的基因的阐述是冷静的。在处理雄螳螂壮烈的交配案件时，他并没有为雄螳螂的悲惨结局而扼腕叹息。因为螳螂的群体不像蚂蚁那样密集，孤独的雄螳螂要历经千辛万苦才可能找到一只雌螳螂，眉目传情以后，机会就不容错过，否则将会抱恨终生。而且，因为家境贫穷，雄螳螂无力为新婚夫人提供什么好的生活环境，无奈之下，也只能惭愧地把自己的肉体奉上了。这个案件中唯一让人感觉不安的是雌螳螂的冷血无情，它们甚至在交配过程中就一点点吃掉雄螳螂的头部，以确保雄螳螂不会在交配结束后溜之大吉。可怜的雄螳螂，虽然头被吃掉，生殖器却仍在奋力工作，甚至比有头的时候还要卖力，因为它们的神经系统并没就此停止运作，交配就在这种惨不忍睹的情形下得以顺利完成。好在雄螳螂死也可以瞑目了，因为它们的基因已经在壮烈的交配过后传递了下去。在自私的基因理论考察之下，几乎所有利他行为都可以得到合理解释。这些解释贯穿着一根主线：利他行为只是表象，根本的出发点仍是自私的。所有的利他行为都是为了最终的自私。比如尼加拉瓜的基洛亚湖中有一种雀鱼，它们会把别人的孩子圈到自己身边喂养，这似乎是奇怪的举止，因为喂养别人的孩子会浪费很多资源。但仔细考察后研究人员才发现，原来雀鱼妈妈不是一般的聪明。在这个湖中，小雀鱼被捕食的概率是一定的，那么鱼群越大，它们自己的孩子被捕食的概率就越小。虽然喂养别人的孩子会带来一定的物质损失，但总比自己的孩子全被吃光要好得多。

再以小鸡为例，它们刚一出壳的时候非常天真，只要找到食物，无论自己是否饥饿，都会主动唤来同伴一道进食。这种策略和吸血蝙蝠相互喂血的策略相同——万一自己找不着食物时，也不至于因为过于弱小而被饿死。但是，小鸡长大以后，策略就随之发生了改变。那时它们已经足够强壮，可以四处奔跑，寻找食物的能力大为提高。再找到食物的时候，它们就绝不再去召唤同伴了，相反，它们在共同进食时，还会毫不客气地加快进食速度，同伴数量越多，吃食越快，甚至为了抢饭而发生打架斗殴事件。出现这种情况的原因有两条：一、成年鸡的基因已经传下去了，不必再像小时候那样怕死；二、好死不如赖活着，我活着总比你活着强，所以才开抢。

有理由相信，生物的种内竞争比种间竞争更为激烈，因为同一物种往往需要竞争相同的资源。更严重的是，它们还需要竞争相同的配偶。所有这些东西都不会从天上掉下来，只能自己去争取。所以，种内的残酷斗争不可避免。

可是退一步想，毕竟大家都是自己人，如果都把对方往死里整，代价未免太过惨重，结果只能是两败俱伤，最后成为其他动物的美食。所以，种内竞争需要采取更为聪明的策略，比如说，用各种形式的虚张声势来显摆自己，吓唬对方，达到不战而屈人之兵的效果，那自然是兵家上策。

基于这种考虑，物种之内的打斗基本都是点到为止，并不需要刺刀见红式的决斗。最常见的是狗与狗之间的战争，它们在打斗时的吼叫声十分恐怖，闪着白光的利齿也足以让人心惊胆战。但是，很少有人看到一条狗把另一条狗咬死然后吃掉，它们最多打出一点儿血，然后见好就收。失败一方会夹着尾巴表示认输，胜利者也绝不会拿出宜将剩勇追穷寇的决心，胜负一分，斗争就此结束。

有些战争根本不需要表现出来，而是在暗中悄然进行。很多人都知道妇女妊娠时的呕吐反应，这一现象令生物学家大惑不解，因为此时孕妇正需要大量营养，而呕吐明显是巨大的浪费，对母子皆不利。理论上说，这种反应早该被自然选择淘汰，为什么会保存至今呢？除非这种现象有着某种奇怪的好处。

人们通过进一步的研究得出了令人惊讶的结论，同时也揭示了一场悄然发生在母子之间的战争。原来胎儿在发育过程中，有一段时期非常容易受到伤害，如果此时接触哪怕一点点有毒物质，都会造成严重后果。因此，胎儿已经发展出了一种能力——让母体呕吐的能力，可以最大限度地减少从食物中摄入有毒物质的可能，从而对自己起到保护作用。此时的胎儿个头还很小，不会因此而面临营养问题。过了危险期以后，胎儿就会设法让母亲胃口大开，以给自己提供足够的营养。很多孕妇就这样失去了少女时的苗条身姿。

在此过程中，胎儿仍与母体进行着不断的竞争，小家伙总想通过脐带从母体中夺取更多的营养。母体也不甘就此认输，也在设法减少向胎儿输出营养。在这场拉锯战中，总有一方是胜利者。如果胎儿占得上风，生下来的将是一个大胖娃娃，母亲则因为失利而瘦成了一把骨头；如果母体取得优势，妈妈就会变成一个肥婆，生下的孩子反而瘦骨伶仃。好在这一矛盾在当今文明社会已有所缓解——孕妇的营养供应对大多数家庭而言，已不是一笔沉重的负担。

由此看来，就算是在天下最纯真的母子亲情之间，也隐伏着自私的黑手。

动物的核心工作是把自己的基因遗传下去，只要遗传成功，哪怕生命再短暂也无所谓。有一种螨虫，在刚出生以后就不吃不喝，对这个世界没有任何兴趣，不久就一命呜呼了。原来这家伙在母亲的肚子里就已经和姐妹们交配过了，它在这个世界上的任务已经完成。它的基因已经传递了下去，其余的一切都不过是过眼云烟。

明白了自私的基因的逻辑，也就明白了它们为达到目标而采用的各种手段，合作与利他，只不过是无穷手段中的一种而已。所有手段的最终结果必须有利于更好地生存和生殖，这样才能传递更多的基因。正因为如此，竞争和合作有时可以达成一种微妙的平衡。何时竞争，何时合作，取决于基因和环境因素，但所有合作都是以确保个体更好地竞争为前提的。

比如老虎和狮子，是两类引人注目的大型肉食动物，但它们的捕食行为完全不同。老虎是独行侠，自己打埋伏，然后自己享用猎物。就算是雌虎在怀孕生孩子期间，雄虎也不会帮一点儿忙，它们依然自己吃自己的，毫无怜香惜玉之情。

狮子则不然，这家伙虽然个儿大力猛，却很懂得互相配合。它们一般采取合攻合围的策略捕杀猎物，那是典型的合作行为。

我们并不能据此指责老虎的品质比狮子差，它们的自私水平其实是一致的。之所以表现不同，是因为它们所处的环境不同，生存策略也就不同。老虎之所以单打独斗，是因为它们有单打独斗的本钱。它们往往生活在丛林中，身上的花纹与丛林中斑驳的树影一致，可以很好地埋伏下来。既然如此，它们就不需要长途奔袭追杀猎物，而只需要等猎物过来，然后猛扑上去，张开大口，问题就解决了。如此一来，何必合作？搞不好还会闹矛盾。

狮子则是另一种情形。它们生活在一望无际的稀树草原上，那里树少草低，不容易藏身，埋伏的效果不好，所以身上也不需要什么花纹。无奈之下，它们只有下死力气奋力追杀。只是草原上的动物也都不是俗手，比如野牛、斑马和羚羊之类，身架粗大，跑得也快。它们轻易不能得手。在这种情况下，狮子除了相互合作，还能有什么更好的办法呢？草原上就这样反复上演着壮怀激烈的围猎大戏。如果老虎到了狮子的环境，它们也会互相合作，这不是道德问题，而是生存的需要。

美丽可爱的鸟儿在华丽的外衣下也怀藏着一颗自私的心，它们之间的冲突无处不在，看似和谐的表面，实则是妥协的结果。山雀是夫唱妇随的典型代表，它们共同喂养子女，一家子看起来充满了动人的亲情。但仔细考察就会看出潜在的问题：雄山雀在喂食时很偏心，对子女并不一视同仁，而是看哪个孩子强壮就喂谁。一旦等到强壮的孩子身体长成以后，雄山雀就会毫不犹豫地扔下其他所有未成年的孩子，断然离家出走。它在这个家里的任务就此结束，以后要去寻找其他雌性，再生下其他孩子。剩下没长好的小鸟就只能靠妈妈喂养，生死只能认命。

雌鸟当然不甘心总做怨妇，它必须设法尽量留住花心的雄性，因为独自喂养小鸟实在太过危险，倒不是怕有流氓前来骚扰，而是对蛇和夜枭之类的杀手放心不下，寻找食物也不容易。为此，雌鸟的策略是，它们总是等着把所有的蛋产完后再一道孵化。这样，所有的小鸟基本都可以同时出生，雄鸟就不好轻易离去，它必须确认自己的孩子可以独立生活，只能留下来多住一段时间，与雌鸟共同哺育子女。

这种聪明的心机并不是动物的专利。根瘤菌给人的印象似乎是永远老老实实地待在植物的根尖组织中，默默地和植物相依为命。可是，只要根瘤菌怠工，固氮能力有所下降，植物就会停止对其供氧，严重影响根瘤菌的生活质量，甚至直接将根瘤菌杀死。

忙碌的蜜蜂社会也处处存在摩擦。工蜂有时会偷偷试着自己产卵，虽然它们的卵因为没有受精而只能长成瘦小的雄蜂，但那毕竟是自己的孩子，所以工蜂有时会假公济私，在蜂巢中用自己的孩子替换蜂后的孩子。蜂后对此保持着高度警惕，它常常巡视蜂巢，一旦发现异常情况，会立即把工蜂的卵吃掉。但蜂后的精力毕竟有限，它无法洞察一切破坏行为。为此蜂后会尽量与不同的雄蜂交配，产下不同基因型的后代，让它们彼此互相监视，并无情地吃掉彼此的卵。蜂后就这样不费吹灰之力地控制了全局，导致工蜂产卵的成活率不到百分之一。

与此同时，蜂后也面临着统治风险，比如工蜂之间可能出现摩擦升级或失控。为此蜂后会采取一切手段，以激素抑制工蜂的卵巢发育，或者把工蜂搞成残疾，甚至让它们染病致死。其独裁手法之狠毒，并不比人类大独裁者逊色。

蚂蚁社会的竞争则更是复杂，如果要加以详细叙述，几乎可以写成一部昆虫版的《水浒传》。威尔逊在他的名著《蚂蚁》中，对此有详尽的描述。不过从表面上看，蚂蚁与蜜蜂的社会仍然是和谐的楷模，它们分工明确，等级森严，大家都在尽心尽力地忙碌着，共同营造着自己理想的天堂。

由此可见，合作与竞争是自然界的普遍法则。我们在为生物界普遍存在的利他行为欢欣鼓舞的同时，也不必为无处不在的自私行为而绝望。达尔文的不足之处在于过度强调竞争，所以对合作现象非常担心。当然那不是达尔文的错误，在当时的科学条件下，遗传的机制没有被很好地认识，当然很难从科学角度解释合作现象，导致达尔文一直担惊受怕，不知道哪一天他的理论就会全盘崩溃。现在看来，这种危险已经彻底解除。

其实让达尔文担心的远不止是生物合作现象，生命的爆发与灭绝，也曾令达尔文头疼不已，甚至一直到死，他都没有放下这个心结。

第 **9** 章

爆发与灭绝的玄机

如果生命既不爆发，也不灭绝，那该怎么进化呢？

——霍尔丹

达尔文提出进化论时，无疑受到了地质渐变论的巨大影响，他因此相信，生物进化的过程也是渐变的。正因为如此，达尔文不赞成物种可能爆发性出现的观点，因为那不符合渐变论。他在《物种起源》的第十章《论地质记录的不完全》中，曾小心翼翼而又非常明确地指出："如果同属或同科的无数物种真的会一起产生出来，那么这种事实对于以自然选择为依据的进化学说的确是致命的。"

　　万分不幸的是，这种致命的事情真的发生了，而且在达尔文活着的时候就已经把他搅得头昏脑涨。因为在当时，寒武纪物种大爆发已经是一个让很多人津津乐道的话题了，特别是神创论者，更是将这个事情作为上帝创造生命的有力证据。对此，进化论必须做出解释，否则，正如达尔文所说的那样，进化论将会死于寒武纪事件。

　　糟糕的是，达尔文对寒武纪物种大爆发的解释很粗暴。在没有充分化石证据的前提下，达尔文却冒失地保证道："如果我的学说是真实的，那远在寒武纪最下层沉积以前，必然要经过一个长久的时期，这个时期与从寒武纪到今日的整个时期相比，大概一样长久，或者还要长久得多，而且在这样广大的时期内，世界上必然已经充满了生物。"

达尔文虔诚地相信生物进化渐变论，并将生物分类学先驱林奈的名言"自然不产生飞跃"当成座右铭，把大的物种突变看成是不可能的事情：一只蛇的蛋里面绝不会突然孵出一只老鼠来，老鼠也不可能生出一头大象来。不要说个体，就是像眼睛这样复杂的器官，也不应该是突然变出来的。在达尔文看来，对大突变的坚持，无异于相信变戏法，几乎就是变着法儿地支持神创论。为此，他在给赖尔的信中再次重申："如果我的自然选择论必须借助这种突然进化的过程才能说得通，我将弃之如粪土。"

前面提到过的那个切过很多老鼠尾巴的魏斯曼也坚持渐变论，他的逻辑非常明了：如果物种可以突然间变来变去，那么物种就无法存在了，我们搞不清它到底是什么。

赫胥黎对达尔文如此决绝的态度非常担心，他不能理解达尔文为什么非要过分关注进化的速率，即使生物进化得很快，自然选择仍然是正确的。达尔文却硬是要下一个赌注，而且把赌注押在这么一个完全不必要的甚至可能是错误的假设之上，这有点儿让人不可思议。所以，赫胥黎建议达尔文不要把话说得这么绝，要给自己留点儿后路。他善意地提醒说："你这样毫无保留地接受自然界绝无大突变的观点，会使你陷入不必要的困难之中。"

赫胥黎心里清楚，他在解剖动物的过程中，明明看到了许多生物大类之间缺少应有的中间型，所以他对这个问题也很头疼，但一时又找不到合适的理论来加以解释。可如果像达尔文那样，把所有责任都推给化石资料不全，不免又太过牵强。为此，赫胥黎不断劝告达尔文，为了更好地解释化石资料，应承认大踏步的跃进式的进化。

达尔文非常执着，对赫胥黎的劝告根本不予考虑，并继续强调："在现存的物种及已经灭绝的物种之间，必须有极大数目的过渡环节和中间型，而且那应该是完美的、逐渐过渡的阶段。"达尔文把所有的希望都寄托在地质学发现上，他相信考古学家可以找出足够的能说明一切问题的化石来。可事与愿违，所有新发现的化石似乎都表明新物种是突然出现的，是一下子突然冒出来的，完全没有中间型。虽然达尔文仍然对考古学家抱有希望，但他最终承认："这是我的理论的最大困难。"他甚至有点儿绝望地表示："我不能提供满意的答案。自然界好像故意隐藏证据，不让我们多发现过渡性的中间型。"

到后来，见说服不了达尔文，赫胥黎只好闭上嘴巴不再啰唆，他实在不愿意看到自己和达尔文的争论帮了神创论者的忙，这将会招致一个非常难看的局面。

那么达尔文为什么非要给自己设下一个如此巨大的陷阱呢？他为什么反复强调复杂物种不能突然产生出来呢？在寒武纪物种大爆发已成为事实的情况下，他为什么不软化一下自己的口气？

这与达尔文对进化论的认识有关。达尔文坚信，根据自然选择，起源相同的各种生物类群的出现，在自然选择的压力之下，其进程必须极其迟缓，而不应该在很短的时间内突然蹦出很多东西来。可问题是，无论当时还是现在，化石记录并没有像达尔文想象的那样完整地展示这个缓慢的过程。古生物学家也一直有一个不愿意说出口的看法，那就是物种之间确实缺少中间环节。教科书上绘制的进化树，其实应该用一个一个点来表示，而不是用线把它们连起来，因为当中的这些线，至少在化石上看起来，似乎是不存在的。而这些点，有时可以很密集地出现，在化石方面的表现就是最为著名的寒武纪物种大爆发，那简直就是直接在扇达尔文的耳光。达尔文在《物种起源》的最后一版中忧心忡忡地写道："这个问题现在肯定还不能理解，而且会很快被用作反对这里所论述观点的有力论据。"

　　达尔文说对了，寒武纪物种大爆发自发现以来，直到现在，一直被作为攻击进化论的重磅武器。

　　所谓寒武纪物种大爆发，是指在五亿六千万年到五亿三千万年前的三千万年时间内，特别是在其间最热闹的三百万年间，物种门类从少到多迅速涌现的过程，并且个体复杂程度也呈急剧上升趋势。这个"迅速"，并不是像反进化论者所传言的那样所有物种在一夜之间突然冒了出来，而只是与之前长达三十多亿年的静默期相对而言较为迅速。在此前的三十多亿年里，几乎一直是单细胞生物的天下，铺天盖地到处都是蓝藻之类的简单生命。可是在寒武纪这热火朝天的三千万年内，却不断涌现新的物种，以至于这一段时间内出现的生物种类比现存的生物门类总数还要多。现代动物界中90%以上的类别都起始于寒武纪早期。寒武纪一声枪响，奠定了现代动物多样性的基本格局。但同时，有许多看起来奇奇怪怪的生物门类在出现不久以后就永远消失了，因为它们不符合自然选择的要求。

　　需要再次强调的是，虽然这一现象被命名为"大爆发"，但其变化的过程仍然是在漫长的年代里按照从少到多、从简单到复杂的程序进行的，这一点并没有违背达尔文的理论。所以，当神创论者责问进化论学者霍尔丹有什么证据可以否定进化论时，他回敬了一句著名的话："一只前寒武纪的兔子化石。"

霍尔丹的意思很明白，如兔子般复杂的动物，只能按照进化的顺序在更晚的时期出现。从这种意义上来说，所谓的寒武纪物种大爆发其实并没有影响到进化论的基础。让达尔文烦恼的只是它们出现的速度有点儿太快了。他希望它们能慢慢地不断地出现，最好在漫长的地质年代中呈均匀的连续性分布，这样看起来就漂亮多了，解释起来也省事，完全符合他始终坚持的"物种渐变论"。

那物种为什么会在寒武纪风起云涌地集中出现呢？

有两种对立的假说。一方认为，寒武纪物种大爆发只是一种假象，在这之前肯定有很多古老的祖先，只不过软体动物柔软的身体极不容易留下化石，所以造成了一种假象，似乎那些有壳的和有骨架的后代是突然出现的。

达尔文就采取这种处理方法，他坚持在寒武纪之前就应该存在连续不断的物种链条，只不过之前的化石没有被找全而已。按照这一观点，如果能找到全部需要的化石，完全可以勾勒出一条物种由少变多的渐进过程。

很多进化论者相信达尔文的判断，他们前赴后继辛辛苦苦地到处寻找各种化石，力图构建出完整的生物进化路线图。经过努力，化石确实是越找越多，但随之而来的失望也越来越大。虽然很多断裂的链条都被弥补完整，比如始祖鸟似乎就是恐龙与鸟类之间的一个缺环。但是，对寒武纪之前化石的寻找进展缓慢，除了那些多得有点儿烦人的单细胞化石外，基本上没有什么惊喜出现。相反，1906年在加拿大落基山脉发现的伯吉斯动物化石群和1984年在中国云南澄江发现的化石群都一再强化了寒武纪物种大爆发现象。虽然1947年在澳大利亚中南部埃迪卡拉地区发现的埃迪卡拉动物群被认为是在前寒武纪时期形成的，但在时间上也非常贴近寒武纪，且动物数量和门类稀少，根本不足以抹平寒武纪物种大爆发现象。1998年，曾给科学家们带来无比兴奋的中国贵州瓮安生物群，也很快被纳入常规轨道中，并不能完全洗去物种大爆发给达尔文带来的尴尬。

现在有一个观点认为，复杂动物出现的年代上限应该是五亿八千万年前，在此之前的地层化石中，应该不会再找出什么像样的动物了。那些辩称寒武纪之前的软体动物不容易留下化石的学者也闭上了嘴巴，因为连单细胞的藻类都留下了无穷多的化石。软体动物再软，也没有道理从地球上一掠而过吧。

也就是说，根据现有的化石表现来看，不承认寒武纪物种大爆发是不行了。假象说的支持者越来越少，使得另一种观点得到了越来越多的支持。该观点明确承认物种可以快速出现，大家需要的只是一个或几个能够漂亮地解释物种快速出现的理论。

聪明人很多，已经提出了大量极具说服力的假说，比如艰深复杂的骨骼矿化机制和海水成分大变化事件等。下面不妨介绍几个较为流行的理论，因为越是流行，表明相信的人越多，因此也显得更有道理。

哈佛大学的古尔德支持一种非常简洁的理论，他并不认为寒武纪物种大爆发需要特殊的解释。当把寒武纪前后的物种类型多少与时间作图时，会看到一个漂亮的S形曲线，任何一个学过微生物学的人都会立即联想到细菌在培养基中生长时呈现的曲线，那也是标准的S形。古尔德认为，这两者的原理是一样的：寒武纪之前，生命处于由少变多的缓慢增长的迟缓期，寒武纪物种大爆发则处于S形曲线的剧烈上升期，也就是对数生长期。这是生命发展的必然结果，符合一般的数学模型，没什么大惊小怪的。但这个理论有一个潜在的可怕后果没有被提及，那就是衰亡期何时到来？是不是意味着地球生命会彻底消失？

姑且先不去考虑这个有点儿杞人忧天的灰暗前景。现在要考虑的问题是，S形曲线并没有说明物种爆发的内在机制，它们为什么恰好在那个时候就大量增加了呢？

最简单的理论是，地球渐渐冷却降温，到了寒武纪时，温度正好适合动物生长，此前的单细胞藻类都相对比较耐热。也有学者认为，地球温度的变化造成海洋中碳酸钙含量大幅增加，为动物提供了制造外壳的原材料。而有壳动物比没有外壳保护的动物强大得多，它们迅速抢占了大片地盘，而且硬壳比较容易留下化石，所以看起来就是物种大爆发。

最容易让人接受的理论是，空气中氧的含量增加给动物的大量出现提供了机会。此前无数蓝绿藻不辞辛苦地工作，无节制地产生大量氧气，它们终于受到了报应，靠呼吸氧气为生的动物大量出现，严重挤压了藻类的生活空间。更重要的是，大量氧气以臭氧的形式存在，阻挡了有害的紫外线，使刚出现的新型动物更加生龙活虎。

后来这个假说面临着一个严重的挑战，地质学研究证实，在寒武纪前的沉积岩中早已存在严重氧化的岩石层，提示在十亿年前的地球大气中氧气含量就已经够用了。如果谁喜欢氧气，完全可以大口喘气。

也就是说，所有外部的因素都面临着这样那样的问题，看来生物内部的因素应该占有更重要的地位。

1973年，霍普金斯大学的生态学家斯坦利提出了"收割理论"。在斯坦利看来，一种草食或肉食动物，就相当于一位勤奋的收割者，它们的出现和介入，反倒给新型生物腾出了空间。就好比在大片麦田中，只有麦子长得最好，其他杂草都受到了抑制。但当麦子被收割掉以后，其他杂草就可以乘机占领所有空间。寒武纪前铺天盖地的单细胞生物就好比是麦子，第一个出现的捕食者就是优秀的收割者。它们猛然发现这么多食物，无忧无虑地胡吃海塞，吃得太多了，迅速为其他物种腾出了生态位，于是，物种爆发。

这个理论简单而漂亮，更重要的是，它不需要依赖生物以外的因素做出补充解释。后来，这个理论还受到了生态学野外研究的证实，在一个池塘中放进凶狠的捕食鱼，随着屠杀的进行，池塘中的物种多样性反而不断增加，大量浮游生物渔翁得利，终于可以更好地苟且偷生了。相反，在一个成分复杂的藻类群落中，去掉作为捕食者的海胆后，强势藻类就会作威作福，其他藻类受到了抑制，生物多样性因此而下降。

也就是说，在科学考量的框架内，完全可以接受并解释那个所谓的寒武纪物种大爆发现象。从化石层面看，生物进化完全可以走走停停，这就是"间断平衡"理论的要点。"间断平衡"理论是由埃尔德里奇和古尔德在1972年提出来的，他们认为，物种形成的速度比我们想象的要快得多，起码比达尔文想象的要快，那并不是一个渐变积累的过程，而是一个集中爆发的过程。新的物种一旦形成，就会长期处于稳定状态，安心地过日子，不再向前进化，这个相对安静的过程会持续几百万年甚至上千万年，这就是"平衡"。然后瞅准机会再来一次突变，或许又会出现另一个新的物种。物种进化的过程就是"平衡"不停地被"间断"的过程。

古尔德指出，"间断平衡"理论有两个重要的支撑点：首先，化石表明，物种呈现明显的稳定性，在地质记录中出现和消失时的外形几乎相同，没有出现达尔文说的持续变化。其次，也是极其重要的一点，新物种的出现是突然事件，而且一旦出现，就已经相当完备，根本不需要进一步修改。而这一事实又与达尔文的逐渐变化理论有所抵触。达尔文要求的连续的化石链条并没有如期出现，过渡生物迟迟不愿露面。为此，古尔德表示，要正确解释现有的化石现象，就必须抛弃"渐变论"。但他也反复告诉大家，这样做绝不表明自己打算彻底否定达尔文，而只是对达尔文的某些观点做出小小的修改。

"间断平衡"一经提出就受到了主流进化论学者的广泛认同，但达尔文的铁杆儿支持者对此很不高兴。虽然古尔德等人一再声称，"间断平衡"其实是对达尔文物种渐变理论的完善和发展，但反对者依然责问道：如果物种在进化过程中真的存在所谓"平衡"期，也就是长期不变的"稳态"，那该如何解释？毕竟，所有的观察都表明，生物在每代之间都存在变异，没有哪个儿子和老爸是完全一样的。由于环境的天然不稳定性，想要让物种保持几百年的稳态实在是难以想象的。

古尔德对此并不担心，因为事实就是，化石确实表现出了稳态，甚至是现存的物种也都证明了稳态是铁的事实。大熊猫就是物种稳态的有力见证，它们在几千万年间都没有出现较大的变化。需要解释的不是稳态，而是反省变异理论。

群体遗传学家给出了一个解释。他们认为，稳态之所以存在，是因为稳态受到了稳定化选择。局部自然环境一直偏爱某种形态，所以就一直生存了下来。就算自然不喜欢某种形态，但生物已经具备了一定的能力，它们会寻找合适的环境以躲避自然选择，比如果蝇不耐高温，当某地温度升高时，它们肯定不会坐以待毙，完全可以飞去更凉爽的地方将其作为避难所。就这样，原来的稳态得到了保存。局部环境变化带来的危险就这样被聪明的生物所规避。

但这种宏观解释仍不能满足所有人的好奇心，他们更关心的是，一个具体的生物是如何从一个样子变成了其他样子的？难道它们真的不是以达尔文的渐变论为原则进行变化的吗？大的突变可以在分子水平发生吗？何以发生？

分子生物学的发展似乎给间断平衡带来了不利的消息。从分子水平来看，化石上的稳态只是假象，比如无肺螈的某些种类与另一些种类在表面上看起来差距不大，颜色、骨架和身体大小都差不多，如果不是专家，根本分辨不出它们谁是谁。可是用关键蛋白质的序列分析比较，发现它们至少在六千万年前就已经分道扬镳了，根本不是一种动物，完全属于毫不相关的两个物种，甚至都不是同一个属，但化石表现出处于稳态的假象，因为它们看起来都差不多。

不过失望总是与惊喜同行，对生物发育过程中基因调控的研究取得了极大的成功，被广泛接受的HOX基因调控理论认为，所有的动物虽然看上去五花八门，但它们在分子水平上的调控机制基本一致，而且手段非常简单。HOX基因又叫同源异型基因，专门调控生物外观形体，掌控能力非常强大。一旦HOX基因发生突变，哪怕是轻如蝴蝶挥动翅膀般的动作，也会带来意想不到的后果——身体外形会随之发生巨大改变，有时甚至变得惨不忍睹，脚，完全可以长到头上去！

也就是说，如果不是HOX基因发生突变，而只是一些无关紧要的分子出现了轻微变化，它们外在的形体不会有什么惊人的飞跃。三叶虫可以长时间继续做它的三叶虫，或许身体的某个局部有些微调，但那仍然是三叶虫。不过，一旦HOX基因出现突变，结果是不可预料的，我们完全可能认不出原来的三叶虫，因为它已经变成了其他生物。

运用这个理论不但可以解释寒武纪物种大爆发，甚至可以在实验室里模拟物种突变现象。一些果蝇和斑马鱼等常规实验动物的身体已被科学家折腾得乱七八糟，甚至连鸡的翅膀都可以发育成鸡腿，鸡腿却变成了翅膀，这只可怜的鸡肯定不会如人类这样对科学家充满尊敬之情。

当然，所有这些理论并不是对物种大爆发现象的真理性解释。随着科学的发展，肯定还会有新的理论出现，但所有这些理论都有一个共同的信念，那就是在自然的框架内解释物种大爆发现象。

特别需要提醒的是，面对如此多关于突变的理论，其实渐变论者仍然在坚持正统的达尔文观点。此前，比目鱼同侧的眼睛曾被拿来当作是突变论的极好例证。因为比目鱼的两只眼睛似乎只能一次性从两侧移到一侧，否则移了一半的眼睛是没有意义的。而最近的化石表明，在两侧和一侧之间，确实存在着过渡的类型——比目鱼并不是一天形成的。

有生就有死，如果说物种大爆发基本可以理解，那么物种大灭绝当然也需要解释。凶杀案背后必有凶手，找出大灭绝的元凶是自然猎人的基本任务。

达尔文对于物种灭绝的态度极具逻辑性：既然物种是慢慢发生的，那么自然也应该慢慢灭绝，这是长期生存竞争的必然结果。因为不相信自然界存在大规模的杀伤性武器，所以，在达尔文的世界里，也就不存在很多物种突然发生大灭绝的概念。为此，他明确地表达了自己的想法："一个物种灭亡的速度一定比它出现的速度慢。"但其实他在当时就已注意到，海生的菊石类生物似乎是在短时间内神秘消失的。

根据进化理论，灭绝是必然的结果，自然选择就是靠这种方式在运行，大量不适者就是这样被淘汰的。自然界存在一个正常的物种灭绝率，大致是一百万年灭掉八个科，遇到大灭绝时动作就大一点儿，一百万年间可能会干掉二十个科。动物的灭绝与体重有很大的关联，体型越大的物种，灭绝得越快。食肉动物平均一个属的生存期是八百万年。小小的蚂蚁和蟑螂可以生存到如今，而横行地球的恐龙与猛犸象早已化为尘烟了。

难以解释的不是灭绝，而是大灭绝。

很多物种同时消失，这是达尔文不愿意看到的现象，他不愿意看到并不表明大灭绝就不存在。现在得到确认的至少有五次物种大灭绝，受到最多关注的当属二叠纪和白垩纪大灭绝，它们分别是第三次和第五次。一般估计，经过这几次折腾以后，地球上生存过的物种有99%以上都已经彻底消失了。

　　二亿二千万年前，二叠纪末期，发生了六亿年来最严重的一次物种大灭绝：大约有一半的海洋生物在几百万年内接连死去，90%以上的物种成队消失，纵横四海的三叶虫就是此次大灭绝的牺牲者之一。此后，大约在六千五百万年前，又发生了一次以恐龙灭绝为标志性事件的著名大灭绝，称为白垩纪灭绝。在此次事件中死去的不仅仅是恐龙，大量的海洋浮游生物再次殉葬，约有四分之一的动物纲被彻底抹掉，物种的灭绝率达到85%，哺乳动物从那以后渐渐在地球上站稳了脚跟。

　　物种灭亡是个体死亡的集中表现。如果不是有忍无可忍之事发生，大概谁也不愿无故死去。是什么事情造成了这种惨剧呢？无数智者都在考虑这个问题，可惜大多遭到了惨败，没有人能提出可以被普遍接受的假说，有些人不得不继续相信，那是上帝在用大洪水重整世界秩序。

　　尽管如此，仍然有一些理论显示出了相当的水平，比如造山运动、行星撞击、火山喷发或流行病肆虐等。

　　先说二叠纪大灭绝。这次灭绝比较奇怪，从化石分析得知，当时灭绝的主要是浅海生物。对此，有理论认为，致命因素可能是大陆板块的漂移，一些本来分开的零散小板块得以结合成巨大的整体大陆，导致海岸线大为缩短，加上陆块互相挤压，浅海区域因此而急剧减少。本来地盘很大的浅海生物被挤得受不了，只好死掉。这个理论之所以有说服力，是因为浅海范围减少的幅度正好与物种减少幅度一致，说明两者之间呈正相关性。二叠纪大灭绝似乎就是这么简单，通俗点儿说就是：地盘变小了，住不了那么多生物。

另一个理论也同样有道理，即全球海平面大幅上升，造成海水平均含氧量下降，导致海洋生物缺氧而死，最终形成大灭绝。这个理论得到了地层岩石证据的支持，不同岩层的氧化程度确有差异。但也有人提出相反的观点，认为海平面下降才是真正的杀手。究竟哪种理论更正确，只能留给时间来检验了。

关于白垩纪大灭绝的说法更是名目繁多，因为涉及恐龙，大家都比较关心这些大个子的死活，自然也就众说纷纭。

1954年，德国古生物学家欣德沃尔夫提出了极具代表性的"新灾变论"，这一理论是对居维叶"灾变论"的更新。欣德沃尔夫比居维叶的高明之处在于，他当然不能再请上帝出手，他请出来的是一颗白垩纪的小行星，也可能是彗星或陨石，反正是天外来客，在太空遨游的时候出了交通事故，一头撞到地球上。结果就如大家反复听到的故事那样，猛烈的撞击造成冲天大火，整个地球烧成一团，加之无人救火，结果可想而知：绝大部分生物被做成了原味烧烤，75%的动植物因此灭绝，其中包括恐龙。

人们对此假说兴趣多多，并一直在追踪研究，提出了很多证据，甚至找到了当年大碰撞的遗迹，它正埋在墨西哥热带森林底下，撞击形成的大坑直径约有180公里。

灾难过后，愁云惨淡，经过洗礼的残存生物不屈不挠地继续繁衍，千万年后，地球又是一片欣欣向荣的景象。

"新灾变论"的结论是：大灾变导致大灭绝，然后是恢复和扩张期，其中就有物种大爆发，接下来，就只有提心吊胆地等着下一次大灭绝来临。

这个理论乍看起来似乎与古尔德提出的"间断平衡"类似，但本质完全不同。古尔德的理论不需要外界因素的干涉，进化的"间断"与"平衡"都是生物自身的事情，"新灾变论"则不然，其决定力量来自外界，当然，这种力量是可以理解的。"间断平衡"提示灭绝的过程要和缓得多，更符合达尔文的原意。"新灾变论"的灭绝过程则惨无人道，也没有通融的余地，几乎所有的生物都在一时之间被逼上了死亡的征途。

不过，"新灾变论"也面临许多挑战，其中最不利的证据就是，白垩纪后期的化石记录表明，大多数物种灭绝的速度其实非常缓慢，往往经过了数千年的衰落才减少到最低点。这与激烈的大碰撞提示的短期快速灭绝并不一致。

除此之外，关于恐龙灭绝的理论大概还有几十种，但都无一例外地存在这样或那样的问题。其实所有人都希望用一套简单的理论来解释复杂的问题，可如此众多的理论都无法完美解释的难题，难道还会有简单的答案吗？

事实上，简单的答案可能就在不经意间浮现，而且完全符合达尔文自然选择原理的要义——生存竞争。

现在有越来越多的学者相信，恐龙的灭绝并不是瞬间完成的大事件，而是极度缓慢的过程。正因为其缓慢，反而留下了真正的线索——它们不是被小行星撞死的，而是在生存竞争中慢慢处于下风，最终被自然所淘汰。

谁能让恐龙这样的庞然大物处于生存竞争的下风呢？

答案很微妙，正是后来不断强盛的哺乳动物。

此前的观点倾向于恐龙的灭绝给体型较小的哺乳动物留出了生存的空间。现在则认为，是哺乳动物的进化导致了恐龙的灭绝，以前是因，现在是果。

恐龙的生活史有一个天然的缺陷——它们产蛋，而且就产在地上。而对于蓬勃发展的哺乳动物来说，那些赤裸裸地摆在地上的恐龙蛋简直就是色香味美的免费大餐，而且得来毫不费功夫。只要有一种哺乳动物发展出了吃恐龙蛋的能力，就会被遍地皆是的恐龙蛋喂得膘肥体壮，同时也意味着恐龙的繁殖率不断降低。就这样，数千年过后，愚蠢的恐龙终于因为粗心大意而丢失了最后一枚产在地上的蛋。后来的小型恐龙学乖了，它们开始把蛋产在树上，慢慢演变成了后来的鸟类。有的恐龙即使仍然把蛋产在地上，但也知道稍做隐藏，比如产在草丛中，或者像海龟一样，把蛋埋在沙滩下。

仍然应该承认，没有哪一种理论可以解释所有的灭绝现象，物种大灭绝也不可能是由单一因素造成的。随着科学的发展，我们或许会接近物种大灭绝的真相，但那其实已经不是最重要的事情。最重要的是，我们已经相信，完全可以在科学范围内来解释这些离奇而悲惨的故事。

当然，大可不必对物种大灭绝哀悼不已。正所谓旧的不去新的不来，生物圈的本质就是不断地代谢更新，灭绝一些动植物实在没有什么好伤心的。唯一让人可惜的是，很多外形怪异的物种消失以后，再也不可能重新出现在地球上。我们永远失去了在动物园中对着它们发出大声惊叹的机会。

人类真正需要关注的，是应对自己的行为适当控制，不要超出自然界许可的幅度，更不要越职越权，代替自然的力量人为地制造物种大灭绝。根据自然选择的原理，我们仍然可以存活很长一段时间。既然如此，我们当然需要不断纠正偏差，努力把这个世界变得更加和谐美丽。只有这样，才符合人类在这个星球上所处的特殊地位。

　　围绕社会达尔文主义而展开的另一场论战，正是人类纠偏行为的证明。只不过有的时候效果并不那么令人满意。

第 10 章

适者生存的误区

自1860年以来，没有哪两个作者对进化论的理解是完全相同的。

——迈尔

当培根信誓旦旦地告诉世人"知识就是力量"时，他没有保证这种力量可以用于何处。流氓不可怕，就怕流氓有文化，一知半解的文化则更是可怕。

希特勒无疑是有文化的，他不但演讲极具煽动性，而且诗歌散文写得都不错，更懂得一些自然知识。他曾面无表情地对追随者们表达其对自然选择的认识：上天造丰饶万物赐给人类，但他们必须自己不断努力进取，上天并没有将食物放进他们手里。一切都非常公正、非常正确，因为正是生存竞争导致适者生存。

在抨击希特勒犯下的罪行时，有些人也曾注意到，他的一言一行都有着坚实的心理基础。他发动第二次世界大战的一个主要原因或者说是借口，就直接源于臭名昭著的"社会达尔文主义"。他提倡严格的优生学，也是以生存竞争为依据的。这个极具领袖气质的狂人相信，不断的战争可以使人类更加壮大，用整齐对仗的中国文字表达就是：生于忧患，死于安乐。

在达尔文系统阐述自然选择的进化论之前，社会达尔文主义就已存在，只不过没有被正式冠名而已。马尔萨斯从人口学研究的视角审查了自然定律对社会的影响，吹响了社会达尔文主义的号角。斯宾塞在1851年写成的《社会静力学》，则以生物科学的名义对社会现象进行了大量分析；次年发表论文《进化的假说》，首次提出社会进化论思想，而当时达尔文还没有开始写《物种起源》。

其实达尔文本人也是社会达尔文主义的创始人之一，他在《人类的由来及性选择》中明确地把生存竞争和自然选择运用到人类身上，成为这一理论的标志性事件。达尔文明白地告诉读者："不应采用任何手段来大幅度减少人类增长的自然比例，尽管这种增长会带来许多痛苦；应当让大家公开竞争，而且应当消除所有会阻碍最能获得成功与最能养育孩子的成功者的种种法则和习俗。"这段话说白了就是，不要计划生育，不要在出生前就消灭弱者，而应当让他们出生下来然后被残酷的竞争消灭。这虽然让人感到痛苦，但权且让他们作为成功者的陪练吧。最后一句话则更是埋有优生学的种子。只不过人们实在不好意思把社会达尔文主义的罪名加到达尔文身上，与他同时代的斯宾塞只好成了替罪羊。

斯宾塞是一个博学而长寿的学者，胡子很乱，脑袋很光。与达尔文类似，他也继承了一大笔遗产从而保证了衣食无忧的生活，可以广泛阅读并胡思乱想，有什么想法就写下来，就这样成了思想家。因为活的时间长，所以写的作品也多，他真正做到了著作等身。他在教育、科学、铁路工业等几乎所有领域都插上了一脚，出版了《心理学原理》《第一原理》《社会学原理》《伦理学原理》《人与国家》等一大堆巨著，弄了很多博士院士的头衔，甚至被誉为"维多利亚时代的亚里士多德"。因为文笔优美，他在1902年还被提名竞逐诺贝尔文学奖，结果败给了受到铁血宰相俾斯麦力挺的历史巨著《罗马史》的作者蒙森。对于一个博物学家和哲学家，还有铁路工程师来说，这可算是虽败犹荣了。

斯宾塞很欣赏达尔文的理论，与达尔文的忠实追随者赫胥黎也是终生好友。达尔文去世时，斯宾塞不惜打破惯例，专门去教堂出席了葬礼。自然选择的进化论对他的影响自不待言。

很多年以后人们提起斯宾塞时，往往把他当作是"社会达尔文主义之父"。社会达尔文主义的名声臭掉以后，斯宾塞当然也受到了影响。至今人们对斯宾塞的看法仍有很大差距，有人把他捧上天，有人把他踩下地。一种观点认为，斯宾塞是一个和平主义者，他以社会正义的名义对抗帝国主义和军国主义，相信人类最终可以走向自由和平等，直至到达理想的彼岸。而反对者把他看成一个残忍的社会达尔文主义者，指责他倡导暴力斗争，对社会弱者毫无怜悯之意和同情之心。

为分辨这些问题，有必要先了解一下社会达尔文主义的本质主张。

斯宾塞首先从发育生物学中借用了"进化"一词，从此慢慢替代了达尔文所用的"演变"。有些中国读者总是喜欢指责中文"进化"一词不能准确表现达尔文的原意，甚至会让人产生一种错觉，以为生物的演变是有方向的，是向着所谓更"高级"的方向"进化"的。

不过这个问题并不严重，甚至可以说是歪打正着，"进化"在某种程度上更有助于读者的理解，虽然是略带偏差的理解。

事实上生物的演变确实给地球带来了多样化的可能性。随着时间的推移，生物可能退化，也可能更复杂，但地球生物多样性的总量与复杂度呈现不断增加的趋势，这是生态系统的内在需求，也是"进化"所要表达的深刻内涵，而"演化"这个词根本无法看到生态学上的意义。所以"进化"要比"演化"更贴近达尔文的原意，也更符合进化论发展的认知。

斯宾塞创造的另一些词汇，如"适者生存"和"优胜劣汰"却出了点儿问题。这些词语很漂亮，简洁得让人听起来感到后背发凉，似乎一语道出了自然选择的真谛，但应用于社会现象时，得出的结论也极度无情。斯宾塞明确指出：社会中的无能者必然贫困，做事轻率的人肯定会受到更多的挫折，而那些懒惰的家伙注定要挨饿，勤奋的人当然会占有更多的资源，愚蠢的笨蛋明显是可以用来嘲笑的。这些现象正是"适者生存"。

因此，斯宾塞不认为政府简单的救济政策对穷人会有什么用处，虽然他真正想表达的似乎是："适者生存"引发的自由竞争会激发人们的潜能，会催促人们不断奋斗。在此基础上，人类才能得到更好的发展，变得更加勤勉自律、善良理性，并充满正义感，成为更高意义上的人。

可见斯宾塞的理论是一把真正的双刃剑。

赫胥黎的评论可以让人更好地理解斯宾塞的观点，丰富的生物学知识明显使他对这个问题的看法高于斯宾塞。赫胥黎坚持认为，进化过程不为美学或伦理学提供理论基础，进化本身并不在乎所谓道德，也不承担责任。没有谋生能力的诗人之死或许是自然选择的结果，但这并不表明自然选择是"恶"势力。所以，赫胥黎相信，进化并不会设置重重险难以阻挡人类最终走向光明。

也就是说，当时斯宾塞在表达这些思想时，其用心并不是别人想象的那么阴暗与险恶。

"社会达尔文主义"一词并非斯宾塞首创，这个提法最早出现在1944年美国出版的著作《社会达尔文主义与美国思维》中，尝试把自然科学原理运用于社会生活中，用类比的方法把社会和自然挂上钩。然而，当真要把社会现象用自然科学特别是生物科学的视角加以处理时，所有的问题都一齐涌了出来。自然科学的客观性和社会科学的不确定性发生了剧烈的碰撞。争吵是必不可少的，就像所有人都会被误解一样，斯宾塞和他的理论在一片争吵之中也掉进了被误读的深渊。"庸俗进化论"的恶名便随之而来。

社会达尔文主义其实并没有一个明确的内涵与外延，各色人等都可以根据自己的需要任意理解。这里不得不再次提到马克思，他的观点代表了一个经典的流派。马克思相信阶级斗争是推进历史进步的动力，这与生存竞争作为大自然前进的动力有着极微妙的相似性，但马克思并不因此而喜欢达尔文，他更看重的是达尔文理论中表达出来的唯物主义思想。自然选择提倡的自由竞争是马克思所不愿意听到的，共产主义者正要着手一劳永逸地解决这一人类难题。基于此，"十月革命"之后的苏联更喜欢拉马克，而不太在乎达尔文。拉马克主义倾向于国家干涉而不是自由竞争，因为他们相信，国家干涉而产生的优良性状是可以遗传的，国民素质会不断走向极致。在此"科学理论"的指导下，苏联的所作所为就更容易理解了，国家的过度干涉必然使国家走向强权独裁体制。

19世纪末，严复为中国引进了赫胥黎和斯宾塞的生物进化论与社会进化论思想。他腰斩了赫胥黎的《进化论与伦理学》而成《天演论》，并在翻译过程中加进了许多自己的看法，再取一点儿其他学者的观点，合成了一本中国人能看懂的社会达尔文主义著作。在《天演论》中，严复的目的很清楚，就是想让国人了解"物竞天择"这一残酷的自然法则，然后提醒国人应该奋发图强，不能老是天天抽大烟打麻将，那样就活该挨打受气。这在当时的中国确实产生了巨大反响，引发了"中国近代思想界的第一大潮"，成为马克思主义进入中国以前最重要的思想风潮。梁启超、鲁迅等人都深受影响，大声疾呼要"自强保种"。

梁启超写下了大量作品介绍进化论，其目的自然不在科学方面，而是纯粹的社会达尔文主义在中国的表现。他认为，所谓天然淘汰、优胜劣败之理，普行于一切邦国、种族、宗教、学术、人事之中，不分大小，而一皆为此天演大例之所范围，不优则劣，不存则亡，其机间不容发。他还进一步评论说，社会之所以能应运而生，可以说全部建设在生物学基础之上。凡有关于人事之学科，如法律学、经济学、政治学、宗教学、历史学，都受它的刺激，一齐把研究方向挪移。这种看法已超出了社会达尔文主义的领域，有了社会生物学的影子了。可惜梁启超没有自然科学的基础，只能发一发心中的宏论罢了。

为了深入理解这个问题，不断有人从各个角度总结社会达尔文主义的思想核心，每个人的解释都与其他人不同，总的来说有以下几点：生存竞争所造成的自然淘汰虽然是悲剧性的事件，但在人类的进化和发展过程中发挥着重要的作用；有限的资源和无情的竞争导致杀人战争不可避免，在竞争中产生的阶级划分是合理的存在；优秀人种在这场竞争中必将占据主导地位，落后的劣等人种不值得同情与怜悯；在竞争中失败的穷人也应听任自然的力量将他们无情地扫进历史的垃圾堆中。整个人类将在这种无情的清扫中保持健康与活力。斯宾塞所说的"适者生存"正是这些现象最简洁的总结——在人类社会中，穷人就是不适者，财富正是成功的象征。大自然就是通过不断的财富洗牌而更新人类社会。这种说法受到了"强盗式资本家"的欢迎，他们因此不必对自己的剥削行为而内疚，并理直气壮地寻求最大利润。

社会达尔文主义的另一个简洁的表述是：自然选择是不是意味着人类社会的自由竞争？大部分场合下得到的答案都是：是的。

所有这些，都让人们对社会达尔文主义产生了极不友好的印象。它对自由竞争的过多关注，使国家的力量只是袖手旁观，任由芸芸众生在社会竞争中生死沉浮。只有这样，最强者才能有拼搏进取的动力，并最终取得压倒性胜利。社会也因此得到了进步。自由竞争在经济领域表现为自由经济，国家的力量最好不要插手调控。直到2008年的金融危机才让美国政府认识到，这种想法是要付出代价的。

追随社会达尔文主义的人很容易变得冷漠无情，他们对失败者根本不付出任何同情，因为他们相信失败正是自然做出的惩罚。著名的石油大王洛克菲勒虽然是一个名声在外的慈善家，但他在工作中仍会用"适者生存"来为自由竞争大声辩护。可惜经济上的自由竞争是为了达到垄断，然后所谓自由自然就不复存在。

既然人与人之间可以如此无情，那么种族与种族之间、阶级与阶级之间，直至国家与国家之间，当然更不必再讲究什么礼数和虚假的客套，强者为王的理念横行全球，帝国主义与军国主义大行其道。有些人相信，国民之间的相互竞争会耗尽自己的热情，成为自相残杀的前奏。要弱化这种可能，一个首要的措施就是不断地发动对外战争，让国民与外国人竞争。在这种战争理论的笼罩下，这个世界不可避免地陷入了前所未有的水深火热之中。第二次世界大战打出的火药比人类社会出现以来使用的所有烟花数量都要多。

许多好心人士对斯宾塞提出了善意的理解，他们从来不认为斯宾塞是个坏人，相反，还是一个不错的好人，他所提倡的自由竞争其实并不是要从肉体上消灭不适者，而是要放手鼓励人们通过不断的奋斗最大限度地改善自己的现状。他们把斯宾塞比作一个严厉的父亲，虽然打骂孩子，但出发点是为了孩子更好地成长。他在著作中表达的思想，其实是想起到励志的作用。

可是，用严厉来形容斯宾塞是远远不够的。如果真把他比作一位父亲，那么他的孩子的死亡率可能相当高，对于跌倒的孩子他不会伸手去扶一把，而只是冷眼旁观。至于他的内心是不是充满了关爱，对事实的结果并无影响。

以斯宾塞的名字为标签的社会达尔文主义就这样在反复的辩论中变得越来越清晰，并渐渐成为让人讨厌的理论。他所阐述的原则听起来充满了冷漠的恐怖情绪，并被一些别有用心的人拿起来当成是杀人的利器。

杀人者从社会达尔文主义中找到了极好的借口，其中的代表是提出胚胎重演律的海克尔。他本身是一个动物学家，生物进化的系统树概念就是他提出来的。在科研之余，他也喜欢思考哲学问题，于是披了一个哲学家的名头。虽然他也相信拉马克的用进废退理论，但仍然向德国引入了达尔文的自然选择进化论，然后进一步蜕变成了社会达尔文主义的拥趸。他在《生命奇迹》中写道："我们的文明国家人为地养育着成千上万得了不治之症的人，比如精神病者、麻风病人、癌症病人等，这对这些人本身和对整个社会没有任何好处。"他把得了不治之症的人视为社会的废物和累赘，并坚定地到处宣传德国优越论，把英国、法国、俄国及意大利等统统不放在眼里，甚至以科学研究的名义发表宣言说："高等人与低等人之间的差别，要比低等人与高级动物之间的差别更大。"

海克尔是当时德国学术界的权威，他说的话自然有着非同寻常的影响力，这番言论使他顺利坐上了"纳粹主义的铺路人"的宝座。他毫无保留地支持独裁和侵略，是一个典型的民族沙文主义者。德国在第一次世界大战中的失败虽然让他很沮丧，但他并没有反省，而是宣扬要继续战斗，只有这样才能保持德意志民族的人种健全。

海克尔与斯宾塞的不同在于，斯宾塞更看重自由发展，反对人为的控制。海克尔正相反，因为在学术上倾向于拉马克，所以更相信人类能够把握自身的方向，并积极影响自己的未来。这种雄心勃勃的进取欲望在个体发展上并没有大错，但用于国家层面，则是一场血淋淋的悲剧。

海克尔虽然在1919年就死了，但希特勒已经在他的理论的影响下成长起来。其实希特勒的帮凶还不止社会达尔文主义一种，在此基础上派生出来的优生主义和种族歧视理论才是真正的"喋血双煞"。

优生学并不是一开始就被指为伪科学的，早些时候也挺受人尊重的。很多人情不自禁地相信，骗子的儿子仍然是骗子，无能的饭桶的继任者只会是另一个饭桶。用中国人的话说就是"老子英雄儿好汉",另一句话则更通俗:龙生龙,凤生凤,老鼠的儿子会打洞。当政治家们用这些东西来做挡箭牌时,他们就可以心安理得地面对社会上的不平等现象,理由也很简单:那是生物学原因造成的,而不是社会问题。这是政客们嘴里最冠冕堂皇的借口。

达尔文的表弟高尔顿为了支持达尔文的进化论,提出应从数学上加以准确的论证,结果成了生物统计学的创始人。他在达尔文的支持和鼓励下,首先提出了优生学理论,他主张应该像培育优秀作物和家畜那样培育优秀人种,以获得更强大的竞争优势。高尔顿也曾四处游历,学识同样广博,写了很多东西,提出了很多理论,尤其对"优生学"投入的精力最多。他通过大量的家族调查,对人类智能和遗传关系进行了深入研究,费了很大的力气,结果得出了一个错误的结论:智力是可以遗传的。由于热情过度,他对贵族家庭的研究最终陷入了种族歧视的深渊,甚至明确声称"法官的才能往往是遗传的"。"优秀种族"之所以优秀,是因为他们天生优秀。在高尔顿的眼里,贵族的后代往往聪明智慧、身体健康、仪容美丽、道德高尚,而下等家族一贯愚昧、病态、容易犯罪,此外就是智障者和低能。

高尔顿的结论在当时就受到了抨击,因为他明显没有把后天的因素考虑进去。针对这一指责,他对研究工作进行了改进,生物统计学也因此得以完善,一举奠定了一门重要学科的基础。为了更好地为自己的理论服务,高尔顿于1904年创建了优生学国家实验室,使优生学看上去更像是一门正经的科学。他的研究说白了就是,让优秀的人多生孩子,穷人们自然要少生一些,有问题的人,比如精神病患者，则干脆不让他们生孩子。

在优生学的考量下，百姓被轻而易举地分为上等公民和下等公民，划分的标准是个人财富的多少。

可是，财富只是一种人为标准，而在生物学领域，这一标准是不存在的。其他生物从来不去银行存款，它们只看谁能留下更多的后代。以此标准反观人类社会，会发现一种极具讽刺性的现象：社会精英在殚精竭虑地狂挣社会财富时，花在生孩子这件事上的时间大为减少，反而无法生出更多的后代。倒是那些贫穷的人，却有大把生孩子的兴趣和时间。

看到财富并不是成功的最佳标准后，高尔顿提出了一个修正方案，应该以个人的实际收入情况来衡量成功水平，从而排除父辈的财富造成的假象。他以为，收入越高就越成功。但同样地，这种观点没有照顾到生殖能力。一个毫无性能力的亿万富翁，从生物学角度来看，无论如何算不上是成功者。当那些富翁坐在百万俱乐部里态度雍容地谈论着高级奢侈品时，他们忘了，他们没有留下足够多的后代；而另一些人，或称为穷人，他们什么也不做，百无聊赖，整天只是生孩子。长此以往，社会整体素质将会大大降低。优生主义者们对此只能忧心忡忡、唉声叹气。

生物学家的考虑更为全面。华莱士也对财富不均与生殖能力不对等的问题表达了担心：富有的男人不一定满足生物学的成功标准，而且极有可能因为挖空心思地挣钱而过早阳痿。但在现代社会，他们的富有给女人造成了成功的假象，使女人对配偶的选择不再取决于体格而更多取决于金钱，这对社会的长期发展是不利的。华莱士正是据此支持马克思的社会主义思想的。按照社会主义的设计思路，政府会尽最大努力让所有公民的工作机会和财富收入大致均等。这样一来，男男女女在挑选对象时就不会太在意对方的经济地位，强壮的体格将被重新提升为关注的焦点，猛男美女才会再次遍地横行，人种素质将因此得到大幅提高。

可惜华莱士没有看到社会主义理想在一些国家的具体实践效果，威权政府具有强大的力量，甚至可以在短时间内令人发狂，但还没有强大到可以长时间完全左右人性的地步。

优生学理论在高尔顿的学生皮尔逊那里得到了重要发展。他是社会达尔文主义的忠实追随者，对应用数学、统计学和生物统计学等学科都有重大贡献，对历史和人类学研究也很有成就。正是他把生物学研究和社会与历史问题联系起来，应该算是社会生物学的早期开创者之一。他拥有广阔的学术视野和极强的社会责任感，不过有时他把知识和责任感用错了地方。

皮尔逊非常崇拜达尔文，把达尔文看成是这个世界的救助者，给我们的生活和我们的世界赋予了全新的意义。通过对达尔文的高度肯定，他把个体生活和社会生活的关系推向了一个新的层次，把自然选择直接应用于人类社会，也就是以社会达尔文主义为基础。只不过他的表现形式是优生学。

皮尔逊指出，任何民族的经济条件都与国民的生殖率有关，也与和敌国的战争结果有关。这些战争，无论借口如何，都毫无例外地是为了争夺土地和食物。构成一个民族极其重要的因素，主要包括财产所有制、婚姻和家庭生活，而这又与贫穷和性道德密切相关。所以，财产分配和性关系把人与人联系了起来，这种联系的好坏，直接影响到民族生存。人类社会的所有法律都是为了使这种关系保持有序状态。

皮尔逊相信生存斗争是人类进步的动力，并严厉批驳了海克尔的观点，他认为海克尔的弱肉强食理论会导致独裁和杀戮。他看到了这样一个事实：全世界正越来越变得相互依赖。所以他赞扬民主，甚至理解社会主义。

但皮尔逊并不认为人类的理想社会可以天然降临，进步的过程充满了痛苦。人类在荆棘之上艰难前行，一些落后的民族被挤掉队了，他们没有找到通向文明的正确路线，最终走进了死胡同。他们的失败替成功的民族筑好了进步的阶梯，人类正是通过这些血肉筑成的阶梯一步步走向更加光辉的成功，越来越充满智慧和丰富的感情，也越来越远离原始野蛮的状态，达到一个全新的境界。

皮尔逊描述的人类走向光辉的路程，其实是一部民族杀戮史。在这一思想照耀下，殖民主义变得光明正大起来，殖民主义者不再为自己的无耻行径备感耻辱，相反，却可以高举全人类共同进步的旗帜更加肆无忌惮地掠夺。当这种理论和政治结合时，便产生了可怕的效果，那不再是纸面上写下的一行行墨迹，而是战场上枪炮的轰鸣和遍地流淌的鲜血。

因为所有的话都冠冕堂皇，而且听起来也符合自然选择，所以优生学的追随者越来越多。其中有不少是科学家，以及受到了蛊惑的政治家。力量的壮大，使他们有了更加可怕的想法。

此后优生学运动主要围绕两方面展开，一是保证让"成功"人士多生孩子，二是让"不成功"的穷人少生孩子。

可是用什么来衡量成功呢？财富的标准已经过时了。生殖力虽然可能更科学些，却总让人感觉不舒服，怎么听都像是研究动物的名词。优生学者们后来开发出了一个举世皆知的标准——智商。

现在还有很多人把自己的智商高低看成是个人机密，他们一般不愿测试，测试出来后，一般也不愿对别人讲，除非是智商特高的那种。万一智商比别人低，听起来是一件很没面子的事情。

其实还不仅仅是面子问题。一部分人通过奋斗取得了一定的社会地位以后，无论"智商"高低，都需要努力保住自己的社会地位。他们大多忘记了自己当年辛酸的奋斗史，转而鄙视仍然处于社会底层的普通人，并热切希望自己的成功基因会一代代传下去，且不愿看到自己挣来的钱用于帮助那些仍在贫困线上挣扎的人。他们忧虑，因为那些穷人生孩子的兴趣似乎正在空前高涨，且看不到收手的时候。再多的经济资助似乎都不可能解决穷人的根本问题：贫困是由他们的劣质基因决定的，对这些人最客气的方法就是绝育，其他做法都是多余的，当然也是浪费。

激进的优生学运动者主张对低智商的人的生育活动加以管制，通过一切手段不给他们制造任何谈恋爱的机会，最决绝的措施就是给他们实施强行绝育。这种主张只能借助国家的力量推行，其赤裸裸的目的就是消灭所谓"不适应"者的生殖权利。

德国人做事认真，在优生学上的表现也是出类拔萃的。他们因为过度热情而表现出了疯狂状态，专门成立了一个"种族卫生"协会，大力鼓动纳粹德国采取有利于种族的优生措施。成千上万的精神病人被绝育，优秀的妇女被敦促要多多怀孕，成批制造子虚乌有的"雅利安人种"。"雅利安"是高尚的意思，借用这一名词来为自己的种族命名，以为这样自己就真的会随之高尚起来。在他们眼里，北欧和日耳曼诸民族是最纯粹的"雅利安人种"，要比黄种人和黑种人更加高等和优秀。到20世纪30年代，这种无聊的说法已被人类学家所摒弃，但在社会上的影响无法及时消除。德国开始对非"雅利安人"开展大规模的强制节育运动。

优生运动猖獗一时之际，希特勒利用德国人的亢奋情绪，发动了第二次世界大战。这场大战本来是要消灭犹太人等非"雅利安人种"，后来英、美、德、法等"雅利安人"却混战成一片，自认为纯种"雅利安人"的德国人不惜屈尊与日本人结成联盟。事后可以看得更清楚，他们只是为了各自的利益而投入到这场混战之中，人种与遗传等优生学考虑都只不过是一个可耻的借口。

优生学正是因为和希特勒的名字联系在一起而变成了人人憎恨的伪科学，但所有的父母仍然希望自己生下来的孩子是一个天才。现代分子生物学的发展让他们萌生了更多的希望，如果可能，大概他们都会要求通过基因设计的方法生下一个完美的孩子：如果是男孩，要拥有邦德一样的体魄与魅力，爱因斯坦般聪明的大脑；如果是女孩，当然要拥有惊人的美貌。

当马克思主义者霍尔丹公开抨击优生学时，这种运动的形象才开始一落千丈。特别是德国纳粹的极端行为让世人非常反感。人们慢慢认识到，以优生学为掩盖的种族大屠杀才是更为可怕的事实。如果不加以控制，任何人都有可能被以任何标准划分到失败者的行列中，并遭到国家力量的清洗，那将是一个无底深渊，没有人能够独善其身。遗传学的发展更向世人证明了，人在基因水平上并没有本质区别，优生学假借的科学基础根本就不存在。陈胜在几千年前说过的那句话依然有效："王侯将相，宁有种乎？"从生物学角度来说，这句话基本是正确的。乞丐出身的朱元璋，最后也照样当上了皇帝，这简直就是对优生学理论的公开证伪。

支持陈胜和朱元璋的社会工作者相信，"天行健，君子以自强不息"和"天助自助者"是人类自尊自强的基础。当社会出现问题时，应积极寻求改革方案以改变现状救助穷人，而不是坐视自由竞争的恶性循环随意运转。他们相信社会背景和国家教育可以决定一个人的品性和内涵，穷人并不是天生的命贱，他们经过自身的努力和社会的救助，也一样会取得通俗意义上的成功。马丁·路德·金在他的传世雄文《我有一个梦想》中提醒各位，请一定不要用一个人的肤色来看待他们的个性与素养。

但优生学并没有死掉，经过改头换面，仍以各种形式存在着，并把生物学的核心领域遗传学拿来支撑门面，根据不全面的研究成果臆测人的能力可以遗传。有一段时间，诺贝尔奖获得者捐献精子的事件被炒得全球沸腾，正是这种臆测的后续表现。大家都天真地认为，靠诺贝尔奖获得者的精子生出来的孩子天然聪明，岂不知这只是一种自以为聪明的天真表现。

居里夫人得了两次诺贝尔奖，其中有一次是与丈夫共同获得的，他们的女儿又得了一次，但这并不是优生学的成功，而只是诺贝尔奖历史上一个极有戏剧性的特例。后来稀稀落落地也有几位诺贝尔奖获得者的儿子再次得奖，那都是很多因素造成的，特别是家庭教育的因素，父辈在某一领域的巨大影响无疑有助于子女顺风顺水地开展相同的科研工作。开尔文得了诺贝尔奖，他的儿子继续得奖，但这并不能说明遗传的重要性，因为开尔文一共有七名学生得了诺贝尔奖，这些学生都不是开尔文的儿子。如果以这些特例证明智力能够遗传，那将显得非常轻率。

居里夫人说过一句名言，"弱者坐待时机，强者制造时机"，在激励了一批人的同时，也打击了另一批人。这位著名的女性没有定义她这句话里的"强"和"弱"是什么意思。可以肯定的是，不全是指智商高低。

人类的所谓聪明，主要靠后天学习得来，先天遗传所占的比例并不如想象的那样大。一个人的智力与后天所受的教育和生长的环境有很大的相关性，但每一种因素都不是决定性力量。这是一个各种因素综合作用的复杂过程，偏颇于某一个方面或更看重哪种影响都是不合适的。

虽然有研究声明，有些神经系统的特征可以遗传，但神经系统并不是智力的关键，它与营养一样，只不过是因素之一而已。甚至有研究发现了与聪明有关的基因，但在这个问题上存在一个根本性的问题，到底什么是"聪明"？智商高低到底有什么意义？一个数学天才可能在语言方面是个白痴，而一个诺贝尔文学奖获得者可能见了数字就头疼，他们谁更聪明呢？智商标准已经受到了普遍怀疑，人们找不到生理机能和智力之间的明确联系。爱因斯坦的大脑被好几个实验室反复研究，结果却看不出与常人有任何不同。

在西方，关于优生学的争论将持续下去，基因决定论和反基因决定论仍在无休止的论战中。先天遗传和后天教育在一个人的综合表现中很难清楚地分开，决定了这个争吵将永无止境。

但优生学的影响无疑是巨大的。所有人都想生下优秀的孩子，现代科学为他们提供了某种方便。美国曾经流行自助优生，人们甚至刊登广告寻求优秀的卵子，精子库也利用诺贝尔奖获得者的精子大做噱头。所有这一切，都将在社会上产生更广泛的影响，这种影响还将长时间持续下去。

好在社会达尔文主义的另一个帮凶，也就是种族歧视思想，已经在社会舆论中处于绝对弱势的地位，短期内也没有大规模抬头的可能性。但并不表明这个问题已经得到了彻底解决。

种族歧视思想是社会达尔文主义衍生出来的最可怕的思想，是以白种人为核心藐视其他种族的可耻理论。白种人可以据此心安理得地奴役黑种人。他们以天生的优越感很负责任地宣布说，白色人种必须以文明教化全球的有色人种。这种说法听起来很感人，做起来却是另一回事——殖民扩张造成的杀戮和种族灭绝都是血的事实。

白种人不断为自己的恶行从科学上寻找辩护，他们认为历史上发达的人种一直在消灭劣等人种。远的种族灭绝不说，近在眼前的美洲印第安人和澳大利亚原住民及塔斯马尼亚岛民的逐渐减少，都只不过是优胜劣汰的自然过程。站在这种立场上考虑问题，他们就可以把人为造成灾难的责任推在一边，对犹太人和罗姆人的迫害也就不足为奇了。在种族歧视大行其道时期的美国，则到处挂满了"whites only"的牌子，只为白种人服务，黑种人小孩子甚至不许牵着白种人小孩子的手。

可是，白种人内部也需要分出高低。根据自然选择原理，有人把北欧的日耳曼人当作是最优等人种。因为他们常年生活在寒冷的气候下，在恶劣环境的迫使下不断进化，已经发展出了高超的生存技巧，终于成为人上人。富于冒险和扩张的精神是他们比别人强大的证明。"达尔文的斗犬"赫胥黎也是这种理论的积极鼓吹者之一。危险的种子就此埋了下来。

白种人四处扩张，魔爪伸遍世界各地，从美洲到大洋洲，从太平洋到大西洋，船帆扬起，枪炮齐鸣，一些弱势群落就这样被无情地灭绝了。

根据达尔文的本意，在自然选择面前，本无所谓高级与低级。贵为万灵之长的人，与消化道里庸庸碌碌的细菌，都只不过是自然界的一员而已，同样要面临自然的淘汰与选择。现在人类却硬要分出个高低上下，这只不过是自以为是的愚蠢行为。纵观人类短短几千年的文字历史，风水轮流转，没有哪个民族可以永远称霸世界。一旦环境发生剧烈变化，人类甚至都不可能比曾经占据地球一亿多年的恐龙更具有适应能力。万物化为灰尘以后，谁又会在意，在这颗小小的星球之上，曾有那么一群自以为是的生物，因为各自的地位问题，互相争得头破血流、横尸遍地呢？

不过，从动物行为学的角度看，动物群体内部争抢更高的地位，是一种再自然不过的行为。只不过人类的技巧稍高了一些，加上了枪炮和漂亮的说辞。

好在人类与动物还是有所区别的，自由和平等已成为基本共识，各国都声称要实现公民之间的实质权利平等。尽管这一工作还需要付出相当大的努力，但总算已经开始了。由于社会达尔文主义的潜在影响，有人对此不能充分理解，比如落后地区与发达地区的高考分数线不同，国家对新疆、西藏等教育落后地区采取了一定的照顾政策，曾经被认为是不公平。表面上看来是不公平，但实际上是一种机会均等。这一点，应该向美国总统约翰逊致敬，他说过这样一句话："你不能把一个因戴镣铐而跛腿的人放在起跑线上，并对他说，你现在可以与别人自由竞赛了。"这种表面上的机会均等是实质上的机会不等。

但是，在现有的体制内，在这种发展模式下，社会分工的不平等现象仍将长期存在。所有人不可能站在真正的起跑线上，他们仍将面对地位高下之分和机会不平等问题。生物学研究正在揭示社会等级对人的影响。

在一个组织机构中，不可避免地存在上下级关系，职位高低可以影响到一个人的健康状况。对于权力欲较强的男人而言，职位下降几乎可以立即引发心血管方面的疾病；而自由权力越大，内分泌功能和相应的健康水平都会有所提高。在一个等级社会中更是如此，统治者因为占据最大资源而获得最好的营养和生物条件，他们身体倍儿棒，信心充足，内分泌有条不紊，智力也明显高于平均水平，同时油光满面，妻妾成群，子孙满堂，生活充满了阳光。而下层人民则不能施展自己的志向，内心的压抑带来内分泌失调、血压升高、免疫力下降，甚至影响到生殖能力，独守一室，孤影清绝，得不到别人的同情，也没有美人的顾盼。社会不平等就这样被不断放大。当权者如果没有特别的需要，不会主动放弃既得权益而去做普度众生的蠢事。

在这种情况下，追求"人民当家做主"当然是大多数人的心声。

有学者曾空洞地感叹说："不幸的是，中国没有社会达尔文主义，有的却是其对立面——社会主义，那是一种让不适者生存的主义。"这当然是对社会达尔文主义和社会主义的双重误解。没有不适者，因为现代社会的主要任务就是以最大的平等付之于每一个人。

　　这种误解在公共管理中仍然有所体现。社会生活中的种种歧视性政策还没有被完全认识和重视。解决这些问题需要高度的智慧和超越社会达尔文主义的更高级的人类情操，我们还需要付出更多的努力。

　　以科学的眼光看待未来，我们的前途无疑是光明的。但在到达光明之前，我们仍需不断进取。

第**11**章

拉马克的逆袭

凡是杰出的动物学家，都不会像狂热的孟德尔主义者那样被遗传学冲昏了头，居然以为可以挑战达尔文。

——希普利

进化论研究看似不具实用性，其实不然，如果早日拥有正确的进化论知识，将会避免很多悲剧。美国康涅狄格州一个村子里曾发生了一件怪事：一头母猪生下了一只独眼猪崽，在科学还不发达的年代，这种怪事由清教徒负责解释。他们懂得些一知半解的遗传学知识，最后的责任人被锁定为一个独眼的小伙子。这个独眼的小伙子本来可以很好地生活，但这只独眼猪崽的诞生毁灭了他。清教徒们认定他与母猪有过不轨行为，独眼猪崽就是铁的证据，小伙子被判处死刑。

　　小伙子有嘴说不清，这不是开玩笑，地方法官把那只猪崽当成有效证人，迅速用绞刑架结果了独眼小伙子的性命！

　　但独眼的性状可以遗传吗？独眼的父亲就会生下独眼的后代吗？更何况是猪呢！这是典型的拉马克获得性遗传理论在作怪。可怜的独眼小伙子就这样被错误的理论杀死了。

　　由此可见，获得性遗传具有极大的迷惑性，连达尔文有时也相信用进废退和获得性遗传，而且越老越相信。他清楚地知道，遗传对于进化非常重要，如果突变不能遗传，进化就无从谈起。这种认识无疑是正确的，可惜，他当时没有正确的遗传学知识作为理论基础，当然也不知道新的性状只能通过基因突变而来，而任何基因水平的突变都可能传给下一代，所以，达尔文的担心纯属多余。

在没有新的遗传学知识的前提下，达尔文只好拾起流行了很久的"泛生论"并加以改造，以期用这一理论来解释他眼里的遗传和变异。错误的理论当然不会得出正确的结果，"泛生论"简直就是为了解释获得性遗传而量身定做的理论。

所谓"泛生论"，即假设生物体内存在一种很小的遗传颗粒，达尔文将其称为胚芽式微粒。这种小微粒存在于身体的任何部分，无处不在，连细胞里都是，但处于发育不完全状态。这种微粒可以传给后代，并随着后代细胞的分裂而繁衍。换句话说，达尔文相信机体的每一个独立的部分或器官都可以自我繁殖，因为这些部位都包含胚芽。这个说法在植物身上有很好的体现，折下一根树枝就可以栽成一棵大树。但是用于动物就很难理解，就算是哺乳动物的克隆成为可能，也没有谁能砍下一根手指再培养出一个自己来。

达尔文认为，用这种理论可以解释为什么有的身体特征能够遗传，而另一些特征又不能遗传；为什么有的孩子像父亲，有的像母亲，也有的兼具父母双方的特征；为什么有人身上又会出现返祖现象，长得像他们的祖父母。达尔文认为这都是那些微小的胚芽混合的方式不同造成的。他的解释非常曲折，概念模糊且自相矛盾，不免非常难懂，连他自己也承认对遗传是"深深的无知"。这种奇怪的解释使他陷入遗传学的深渊，成为他被攻击的软肋之一。这也是让达尔文最苦恼的方面，他可以通过自己的努力解释孔雀的尾巴问题，但再怎么努力，也无法破解遗传学难题，那是他知识体系中的一个盲点。

其实，当时在奥地利有一个人，名叫孟德尔，已经为达尔文解决了遗传学难题，只不过达尔文不知道而已。

孟德尔出生于1822年，比达尔文小了十三岁。达尔文出版《物种起源》后七年，孟德尔发表了论文《植物杂交的实验》。这是他在一个修道院里用豌豆埋头做了八年实验总结出的成果，并正式提出了生物的"遗传因子"理论，开创了现代遗传学这门重要的学科。

孟德尔在实验刚开始时就已读到了达尔文的《物种起源》，并做了详细的读书记录。他还曾于1863年去过伦敦，可惜并没能见到达尔文。数年后，当孟德尔把论文寄给达尔文时，达尔文甚至没有把论文拆开。一个原因可能是达尔文已经很老了，没有精力阅读；另一个原因可能是孟德尔实在是一个无名之辈，而达尔文的名声已如日中天，两人缺乏平等交流的基础。

更为可惜的是，孟德尔的论文发表后第三年，达尔文才出版《动物和植物在家养下的变异》一书，仍然在用错误的"泛生论"解释遗传问题。博览群书的达尔文就是没有看到孟德尔的论文，而这篇论文对他来说是如此重要，几乎可以让他重新修订全部作品中关于遗传学的论述。

有一名德国植物学家曾把自己写的《植物杂种》一书寄给达尔文，书中多次提到了孟德尔的论文，而且做了详细的评论。达尔文收到了这本书而且认真阅读过，并在他认为重要的地方用笔画了线，可他跳过了所有关于孟德尔的字句。对于收集资料非常勤勉的达尔文来说，这真是让人难以理解。这样一次严重的错过，直接导致达尔文关于遗传的观点全部建立在错误理论的基础之上，因而毫无价值可言。

孟德尔的教士身份可能妨碍了他与达尔文的沟通。当时宗教和科学的对立情绪非常强烈，达尔文自己都担心有可能被烧死。为此，他对宗教界人士戴起了有色眼镜。而孟德尔，一度做过修道院的主教，达尔文当然会对他的研究持怀疑态度。因此有学者认为，达尔文其实是在故意忽略孟德尔。在孟德尔之前，曾有一位法国博物学家出版过《植物杂交新研究》一书，书中的很多论点与孟德尔相似。达尔文曾认真读过这本书，可以想象，因为书中的观点和他的遗传理论相违背，所以达尔文看后很不高兴。他给胡克写的信中曾提到过此书："我无法想象它会保存下去，这里面提到的杂种问题，只有上帝才知道。"

如此看来，就算达尔文真的读了孟德尔的论文，可能也只会一笑置之。当然，这只是一种猜测。

最可能的原因仍然是，孟德尔的研究太超前了。他直接在一堆无序的研究中跳进了有序的遗传学研究的大门，而且用了前人都没有使用过的数学方法来研究遗传，这更是让他曲高和寡。很多人以为他在玩掷骰子的游戏。孟德尔曾不辞辛苦地把自己的研究成果向多位专家做过自我推荐，其中有一位专家甚至收到了孟德尔的十封信。很多大学的图书馆也收到了孟德尔论文的油印本，但这些书信和复本都沾满了尘埃，无人问津。

孟德尔的研究就这样被埋没了。

所以，不只是达尔文，当时的科学界全部无视孟德尔的研究。

更有甚者，他们还对孟德尔进行了无情的嘲笑和讽刺，结果令他抑郁而终。直到三十五年后，孟德尔的论文才被三位科学家重新发掘出来。再后来，1909年，科学家创造了"基因"一词来替换孟德尔的"遗传因子"，现代遗传学的基础渐渐清晰起来。

当科学界用基因的眼光重新考察生物进化现象时，他们突然有了新的认识。达尔文的一些错误看法得到了纠正，"新达尔文主义"就此诞生了。

新达尔文主义的开创者，正是那个坚持不懈地切小鼠尾巴的魏斯曼。魏斯曼1834年出生于德国，家庭条件不错，从小受到了良好的教育，二十二岁博士毕业后做起了医生，这个职业为他思考生物学提供了方便。读了达尔文的《物种起源》后，他立即成为生物进化论的重要支持者。以医生的职业标准来看，他是个不务正业的人，因为他出版了一本论述双翅目昆虫发育的书。这和治病救人实在没有多少联系，但这本书使他得以进入大学专心从事研究工作。因为看显微镜太多，把眼睛看坏掉了，没有办法，他只好转而研究动物学，并在理论生物学方面取得了不错的成绩。1875年，他出版了《进化论研究》，并请达尔文为英译本写了序言。与孟德尔相似，虽然魏斯曼曾三次到过英国，却也一直没能和达尔文当面讨论进化论。达尔文接连错过孟德尔和魏斯曼这两个可能对他的遗传理论产生重要影响的人，实在是科学史上的一大憾事。

魏斯曼在遗传学方面的研究使他成为现代遗传学的开拓者之一。他提出的"种质论"遗传学说与孟德尔的"遗传因子"理论有异曲同工之妙，两人一道为日后的基因学说奠定了理论框架。后来经过摩尔根的努力，遗传学大厦得以基本完成。

"种质论"认为，生物机体可以分为"种质"和"体质"两部分。种质类似后来的基因或染色体，而体质相当于细胞质，也就是基因以外的部分。

魏斯曼认为，种质是连续的，从上一代传给下一代，生生不息，永不消失。体质则不然，只不过是一副种质借以路过的臭皮囊，机体一旦死亡，体质即告消失。种质因为存在于体质之中而得到了保护，因此，种质不容易受到环境的影响。这种说法基本上描述了基因和细胞质的关系，而且对后来道金斯提出"自私的基因"理论有一定的启发作用。更难能可贵的是，在这一理论基础上，魏斯曼得出了很多正确的遗传学知识。他认为，既然只有种质能传给下一代，那么体质特征就不会遗传下去。

可不要小看了这个理论，这可是从根本上否定了拉马克的"获得性遗传"。

正因为如此，魏斯曼在进化思想上坚决排斥获得性遗传，比达尔文的态度还要坚决。达尔文常常在自然选择和获得性遗传之间徘徊，他有时讽刺拉马克，有时却又用获得性遗传来解释一些现象。相对于达尔文的糟糕表现，魏斯曼有理由骄傲，他的理论因此被称为"新达尔文主义"。

所谓新达尔文主义，就是继承了自然选择理论，加入了新的遗传学知识，彻底放弃了获得性遗传的达尔文主义。

魏斯曼对达尔文的错误抱着宽容的态度，他在向达尔文致敬时曾说道："这样一些弯路是难以避免的。"可是魏斯曼走得太远了，因为对生存竞争的过度依赖，以至于认为生物各器官之间也存在竞争，并以此解释某些器官的退化现象，因为这些器官在竞争中处于下风，渐渐被淘汰了。进而，魏斯曼把这一广泛竞争的思想"推广到一切生命单位"。按这种说法，同一机体的细胞与细胞之间也存在竞争。现在看来，这个观点并不合适。同一机体细胞之间的合作明显要大于竞争，否则的话，细胞之间的竞争过于激烈，一个人正走在路上，可能就会有突然散架解体化为乌有的危险。

就在达尔文的理论被遗传学更新的同时，拉马克的理论也迎来了一次更新。

在达尔文风潮冲击之下，相信拉马克的人虽然很少，但仍有很多支持者。他们也对拉马克的理论做了改进，并称之为"新拉马克主义"，以此与"新达尔文主义"对抗。

"新拉马克主义"一词是在魏斯曼对获得性遗传进行猛烈批评之后出现的，源自拉马克的祖国法国。新拉马克主义者认为，生物具有强大的可塑性，只要环境发生改变，生物也就随之发生改变，以便适应新的环境。并且，这种变异绝不是如达尔文所说的那样是随机发生的，而是经过环境的诱导出现的，或者是生物对环境长期习惯的结果，这就是所谓的定向变异。定向变异产生的性状就是"获得性"，获得性遗传才是适应的真正原因，自然选择只是辅助因素。尽管如此，并没有人系统地阐述过新拉马克主义的标准含义，大家只是出于某种奇怪的信念坚持这个理论。由于内容过于模糊，据说从来没有两个新拉马克主义者的观点是相同的。他们都根据自己的理解用自己的方式解释着拉马克，使"用进废退"变得乱七八糟。他们用这个理论和新达尔文主义者进行了长期的论战，尽管一直处于下风，战斗的精神却并没有消失。

达尔文去世以后，新拉马克主义的风头渐渐强劲起来，特别是达尔文对遗传问题的认识不充分，更是让新拉马克主义者抓住了把柄。他们不断攻击达尔文的错误，导致进化论似乎给人以漏洞百出的印象。在1900年前后，许多坚定的达尔文主义者都转而相信新拉马克主义，甚至斯宾塞和海格尔都认为，需要把自然选择和新拉马克主义结合起来才能共同解释进化现象。这一时期被称为达尔文主义的黑暗时期。

不过，新拉马克主义者也面临着强大的挑战。当魏斯曼对其提出严重质疑以后，他们必须用实验来证明自己的正确性。可惜，能够派上用场的实验成果很少，仅有的几个实验还经不起反复推敲。遗传学诞生后，新拉马克主义者更是被逼进了绝境，他们必须证明获得性状可以通过基因传给下一代。正是在这种迫切需要下，奥地利学者卡姆梅勒出场了，他是拉马克的狂热支持者，为了向世人证明获得性遗传的正确，他在20世纪20年代设计了一系列实验，其中一个典型实验是用产婆蟾做的。

产婆蟾主要产于欧洲，春夏两季在陆地交配，有水生和陆生两种。水生雄蟾蜍往往生有黑色的指垫，以便紧紧抱住雌蟾蜍而不会滑下，这样才能保证交配成功，而陆生的雄蟾蜍不需要指垫。卡姆梅勒的实验路线是，把陆生产婆蟾强行放在水中生活，如果经过若干代，这种动物长出了黑色的指垫，那就说明动物可以对环境做出定向进化，并将这种获得的性状遗传下去。

实验的设计没有任何问题，如果结果真如预料的那样，那么拉马克的理论也将会得到更多的尊重和认可。

根据卡姆梅勒的实验报告，产婆蟾被关在水牢中几代之后，终于被全部折腾死了，这是对环境不适应的典型表现。但是，有些产婆蟾在死亡之前，确实已经长出了黑色的指垫，而且指垫的颜色和厚度一代比一代明显。据此，卡姆梅勒宣布，水生环境迫使产婆蟾进化出了黑色指垫，这种适应性突变是对拉马克主义的最好证明。

为了强化宣传效果，顺便拉点儿赞助，卡姆梅勒把这些长了黑色指垫的产婆蟾做成标本，然后周游各国到处演讲，一时间声名鹊起，备受追捧，甚至被誉为达尔文第二。当时的生物学家被卡姆梅勒这样一折腾，不得不努力寻找合适的机制来解释这一现象。但当他们试图重复卡姆梅勒的实验时，则全部以失败告终——产婆蟾很难在人工条件下饲养，更不要说强行养在水里了。

当卡姆梅勒到英国演讲时，遭到了剑桥大学著名遗传学家巴特森的怀疑。巴特森是坚定的达尔文主义者，正是他创造了"遗传学"这个词，他的研究工作对现代遗传学具有极其重要的影响。基于对遗传学的认识，他认为卡姆梅勒的工作可能有问题，当他提出要检查产婆蟾标本时，却被卡姆梅勒一口拒绝了。

在欧洲风光了一遍之后，卡姆梅勒又带着标本去了美国，结果却栽了个大跟头。当时各方都给卡姆梅勒施加了强大压力，要求他把标本拿出来接受检查。卡姆梅勒只得同意由美国自然历史博物馆对他的标本展开检查。结果令人难以置信，英国《自然》杂志专文刊出了检举信：卡姆梅勒标本上的所谓"黑色指垫"是用黑墨水涂上去的！

遭此巨变后，卡姆梅勒名声扫地，无地自容，不久便开枪自杀了。那时他正准备前往莫斯科大学当教授，死前还很负责任地给莫斯科大学写了一封辞职信，承认产婆蟾标本有假，但他声明自己是无辜的，是有人背着他造了假，他只是背了黑锅而已。

后来有人试图为卡姆梅勒洗刷恶名，但进一步的检验无不证明，卡姆梅勒用来证明拉马克理论的实验结果均有作假现象。卡姆梅勒事件成为遗传学上著名的丑闻。

后来，古尔德曾无情地指出，就算卡姆梅勒的实验没有作假，也根本不能证明获得性遗传，相反，恰恰证明了自然选择的正确。因为卡姆梅勒实验中死掉了大量的样本，这些都是环境淘汰的结果，而仅剩的产婆蟾，就算长出了黑色指垫，也只能说明突变体只有适应环境才可以生存。

这次打击对新拉马克主义来说相当严重，但百足之虫，死而不僵，新拉马克主义特别容易被普通读者理解并接受，由于政治问题，后来又出了一场李森科闹剧。

李森科是乌克兰的一个农民，后来当了育种站技术员。当时乌克兰的冬季农作物经常因受到霜冻影响严重减产。1929年的一天，李森科的父亲偶然发现，在雪地里受过冻的小麦种子，在来年春天播种时可以提早成熟，这样就可以躲开霜降的威胁。李森科在此基础上发展出了"春化处理"技术——在种植前把种子冻一下，可以加速生长。这种技术对地处寒冷的苏联有重要意义。李森科从此一鸣惊人，他虽然根本不懂科学，但他懂得政治，这在斯大林统治之下的苏联已经足够了。

因为政治原因，斯大林不喜欢达尔文的自然选择理论。李森科当然知道自己应该怎么做。他在学术上坚决支持拉马克的获得性遗传，并用政治术语攻击西方的遗传学研究成果，把孟德尔和摩尔根等学者当成是苏维埃人民的敌人。

因为紧紧追随斯大林的政治步伐，李森科同时学会了斯大林的整人技巧，并得到了斯大林的赞许。斯大林之所以支持李森科，是因为他相信拉马克的获得性遗传理论，原因和所有的社会工作者相同。拉马克的理论听上去含有进步的味道，有发展的含义，甚至可以从中看出某种创造性。到了斯大林这里，就意味着"革命"，许多科学家的"命"就这样被"革"掉了。

斯大林警告苏联科学界，要像李森科这样搞科研。结果可以想象，与政治斗争如出一辙，反对李森科理论的学术对手被一一打倒，有的学者被关进了监狱，甚至处死。在这种白色恐怖下，李森科的理论一枝独秀。全苏联的遗传学家被迫改造自己的知识，大学禁止教授摩尔根的遗传学。

苏联的科学思想与马克思有关，因为马克思也喜欢拉马克主义，他相信自然界和社会一样，都有着明确的发展方向，而这种方向感是达尔文反对的，达尔文强调的是随机变化，自然选择。更让马克思不高兴的是，达尔文还反复强调人的动物本性。如果达尔文正确，伟大的共产主义又从何谈起呢？

李森科踩着马克思的步伐，当然也要批评达尔文。他指出，达尔文的理论有着严重的错误，物种生存竞争其实就是生物种内的阶级斗争。共产主义者不需要这种斗争，他们只需要人类之间的斗争，而自然界必须是和谐的，生物之间应该是互相帮助的，利他行为是令人感动的。不然的话，所有生物斗争不休，则共产主义势难成功。为此，李森科提出了所谓的"苏联创造性的达尔文主义"，其本质仍然是拉马克主义。李森科反复宣讲外部环境在生物体形成过程中的积极作用，以及已获得属性的遗传性，并认为这些论点是完全正确和非常科学的。

　　为了维护拉马克，李森科还把魏斯曼大骂了一顿，指责新达尔文主义是对达尔文的曲解和诋毁，因为新达尔文主义居然抛弃了获得性遗传。魏斯曼就这样在一个毫不相干的国家被大加鞭挞，戴上了一顶反动生物学代表的帽子。

　　为了支持获得性遗传理论，李森科带领一大批"科学家"做了大量的实验，得到了很多结果。在他的研究中，植物之间可以变来变去，连奶牛都可以按照人类的需要产出又多又好的牛奶。一切都是如此积极，看上去前景一片光明。

　　这些故事现在都已成为趣闻。有意思的是，新拉马克主义的余音仍在，特别是在法国，他们面对生物科学的发展成果，不断提出修补理论。其中的典型观点是：新的物种并不是局部的基因突变造成的，基因的突变也不能解释进化现象，相反，基因突变往往造成畸形，进而导致死亡。

　　那么，生物变异和进化的动力来自何方呢？

　　新拉马克主义认为，进化的动力来自细胞质而不是细胞核。细胞质会对环境产生适应能力，然后这种适应能力会传递给基因，再遗传给下一代。这就是改头换面的细胞水平的获得性遗传。

　　在这一理论中，基因的决定性地位被迫让位于细胞质，基因只不过是细胞质实现自己理想的中转工具。所以，新拉马克主义重视细胞质的作用，而轻视基因的作用，并不断寻找新的证据。结果还真让他们给找到了，那就是著名的细菌耐药性。

　　许多人都知道细菌会出现耐药性，而且耐药性的扩散非常迅速，年轻的父母往往被孩子不断的咳嗽折腾得死去活来，从前简单的一片药剂就可以解决的小病，现在却需要用最新的抗生素连续几天打点滴。我们所有人都受到了细菌耐药性的威胁。

那么，问题来了，这种耐药性是如何出现的？

这个问题对于主流科学界而言，几乎不能成为问题。早有研究证明，耐药性基因并非针对药物而产生，而是早就通过随机突变保存在细菌体内。这种耐药性基因可以在细菌之间来回传播，抗生素的使用只不过提供了一种淘汰环境。大量的药物会杀死没有抗药性的细菌，反倒为具有抗药性的细菌腾出了充裕的生存空间。在药物的帮助下，抗药细菌的生活越来越好，而人类的日子越来越艰难了。

但是新拉马克主义者不承认这种解释。他们坚称，耐药性是细菌在与药物接触后定向进化而来的，是细菌与药物应答反应的结果，然后通过传播使所有细菌共享这一成果，抗药细菌因而越来越多。

这个说法一度被微生物学家嗤之以鼻，诺贝尔奖获得者莱德伯格夫妇在1952年设计的影印培养实验已经彻底击碎了这种理论。但新拉马克主义者仍不死心，他们在另两位诺贝尔奖获得者雅各布和莫诺的大肠杆菌乳糖操纵子模型研究中看到了希望。

正常情况下，大肠杆菌的生活环境中几乎只有葡萄糖，它们也就优先利用葡萄糖。可是，在人工培养基中只提供乳糖时，只需几分钟时间，它们就通过基因诱导手段生产出了半乳糖苷酶，可以利用乳糖作为能源。如果环境中同时有葡萄糖和乳糖，或者只有葡萄糖，大肠杆菌就会关闭半乳糖苷酶生产线，以节约生产成本。

新拉马克主义者从这个研究中看到了什么呢？

他们看到了机体和环境之间对应的互动关系。因为环境中只有乳糖，所以大肠杆菌就产生了半乳糖苷酶。这简直就是定向进化的活生生的例证。可惜的是，进一步的研究彻底打破了这些人的幻想：大肠杆菌并不是针对环境而出现了适应，这种适应能力本就存在，或者说半乳糖苷酶基因本就存在，只是环境需要时被激活了而已。而在平时，半乳糖苷酶基因会与阻遏蛋白结合，从而阻止基因的表达。当环境中只有乳糖时，大肠杆菌就会中和阻遏蛋白，使得阻遏作用消失，于是半乳糖苷酶基因开始表达，大肠杆菌就拥有了利用乳糖的能力。

新拉马克主义者迫切需要寻找生物与环境之间的应答关系，但每次找到的都是假象，生物似乎并不具备与环境直接对答的能力。它们只是贮备了很多工具，什么时候需要，就拿出正确的工具来应对环境的变化，而绝没有针对新的环境迅速拿出一种前所未有的工具的能力。

可是新拉马克主义者仍然没有放弃，他们希望分子生物学的发展会带来新的机会，可惜所有的希望都破灭了。比如有一种病毒的DNA可以插入到细菌的染色体中，并随着细菌的增殖传给下一代。病毒的DNA产生的性状就成了细菌的获得性特征，并且可以在细菌中遗传。从字面上来看，好像就是这样的。

但只要仔细考察，这个过程其实与新拉马克主义毫无关系。因为病毒的DNA强行插入细菌染色体，并不是细菌对环境做出反应的结果，而是被动接受的结果。而且，新获得的性状也未必具有适应价值，细菌也没有机会表现出新拉马克主义者希望的积极性与定向性。

但新拉马克主义者并没有绝望，他们仍然在等待奇迹，并努力搜寻各种分子生物学层面的研究，期待从中发现某种可能的证据，结果真的等到了几次渺茫的机会。

加拿大多伦多大学医学院的高津斯基等曾报道说，如果反复将一个品系小鼠的免疫细胞注射给另一品系的雄鼠，然后让这些雄鼠与没有经过处理的雌鼠交配，结果发现有60%的后代获得了父本的性状。这一结论如果被证实，将为"新拉马克主义"奠定坚实的生物学基础，同时彻底动摇达尔文理论的根基。可惜，随后即有学者在《自然》杂志发表文章指出，这一研究无法重复。高津斯基对此没有做出回应，一个最有希望的证据就此不了了之了。

到了1988年，事情却出现了意外的变化，而且这次似乎真的找到了获得性遗传的证据。虽然仍有争论，但其意义非同一般。

事情的原委还要从1943年的一个实验谈起。

T1噬菌体是一种寄生在细菌体内的病毒，会将接触这种菌体的细菌杀死，令培养板上不出现细菌菌落，这一结果肉眼可见。

但是有的时候，培养板上也会出现菌落，那是因为部分细菌有了对抗T1噬菌体的能力。现在的问题是，这种抗性菌株是怎么来的？是被T1噬菌体诱导出来的，还是细菌自己偶然随机突变出来的？如果是前一种情况，则符合新拉马克主义理论——生物可以针对环境出现定向突变；如果是后一种情况，当然就符合达尔文的随机突变理论。现在需要做实验来证明到底是哪种情况。

这里有一个麻烦，无论是定向诱导还是随机突变，结果都一样，很难找出有效的办法来区别突变的根源。就像是有两个人，从不同的地方来到了你的面前，你知道他们都在这里，却不知道他们是怎么来的。

好在科学家们不是吃素的，他们自有办法。分子遗传学家鲁拉和德尔布鲁克专门研究噬菌体，他们在1943年设计了一个精妙的实验，即著名的波动实验，成功地解决了这个麻烦。

实验的原理是这样的：他们把来源相同的细菌分为两组，分别装入甲、乙两支试管中，再把甲管中的细菌分装50支小管，保温30小时左右，让细菌突变，然后把这50支小管中的细菌分别涂到含有T1噬菌体的培养基上培养，并计算抗性菌落的数目。乙管用另一种办法处理，并不分装，而是先保温30小时左右，给它们突变的机会，再分装到50支小管中去，直接涂到含有T1噬菌体的培养基上培养，同样计算抗性菌落的数目，与甲管进行对比。

结果发现，甲管分装后涂出来的50个平板中，各平板菌落数相差很大，而乙管分装后涂出来的各平板菌落数大致差不多。

这说明了什么呢？

说明细菌对T1噬菌体的抗性是自发随机突变产生的，而不是诱导产生的。因为这两管细菌在涂到培养基上之前都没有接触过T1噬菌体，所以谈不上什么诱导，细菌也就没有机会产生所谓的定向突变。

甲管分装后涂出来的各个平板上之所以出现不同数量的抗性菌落，是因为对应的小管中在保温阶段出现突变的细菌数量不同。如果碰巧哪一管中没有细菌发生突变，那么对应的平板就没有菌落生长。乙管则不然，因为它们是从一个大管中直接分出来的，所以突变细菌的分布很均匀，在平板上的表现当然也就很均匀了。

这个实验充分证明了细菌抗药性与接触药物无关。

这是一个经典的实验，在生物学上又叫作彷徨实验或变量实验。鲁拉和德尔布鲁克两人也因相关研究而于1969年共同获得诺贝尔奖。这是对新拉马克主义的沉重打击，自此以后，谁如果还是坚持定向突变和获得性遗传，将会被视为保守和无知。

到了1988年，事情又出现了变化。当时的分子生物学研究已经相当发达，借助这一有力工具，分子生物学家凯恩斯对波动实验提出了挑战。他认为，这个实验只是证明了抗性是随机突变产生的，但是没有同时否定定向突变的可能性。T1噬菌体在这个实验中只是选择因素，而不是诱导因素，细菌根本没有机会适应T1噬菌体，何谈定向突变？要想否定定向突变，必须重新设计实验，即用温和的方法作为诱变因素，而不是上来就把细菌搞死，细菌根本没有机会适应，当然也没有机会出现定向突变。

为此，凯恩斯设计了一个新的实验。有一种细菌在半乳糖苷酶基因上出现过一个突变，其中一个氨基酸密码子变成了终止密码子。这个突变的半乳糖苷酶基因经过转录和翻译，就只能得到一个不完整的蛋白，不具有分解乳糖的能力。如果把突变了的细菌放在只有乳糖的培养基上培养，由于无法利用乳糖，它们肯定会非常饥饿，不过一时也死不了。这就是所谓的温和选择，与被凶狠的T1噬菌体一刀杀死是两回事。细菌在温和环境下才有定向突变的机会。

凯恩斯先把突变细菌接种到平板培养基上，在上面用一层没有任何营养的琼脂糖把细菌盖住，在培养不同的时间后，比如零天以后、一天以后、两天以后、三天以后等，分别再在上面加一层只含乳糖的培养基，然后观察细菌的生长情况，结果令人大吃一惊！

根据随机突变理论，无论培养多少天，在加上乳糖培养基后，出现可以利用乳糖的突变细菌的概率应该是相同的。这一点没问题，因为无论预先饥饿几天时间，一天也好，两天也好，只要加入了乳糖培养基，都会在两天后长出能利用乳糖的突变菌落。这些菌落，就是事先已有了的随机突变而来的菌株。

但后来意外出现了，随着加入乳糖时间的延长，突变菌落的数目也越多，明显和时间呈线性关系。换句话说，接触乳糖时间越长的细菌，越容易出现利用乳糖的突变。

这当然就是定向诱导突变！如果是定向突变，那就不是随机突变。

也就是说，生物确实可以针对环境主动改变自身的结构。长颈鹿的脖子确实就是这样越变越长的。这一小小的结果等于彻底否定了达尔文主义的理论根基。

这篇论文发表在1988年9月8日的《自然》杂志上。《自然》杂志很重视这一结果，同期发表了一些评论文章。果然，论文马上引起了强烈反响，许多学者纷纷发表自己的看法。《科学》与《遗传》等重量级杂志也发表了一些研究论文，不仅肯定了凯恩斯的实验结果，还报道了其他细菌的其他基因也有类似的定向突变情况，甚至连真核的酵母菌都可以出现定向诱导，定向诱导竟然具有一定的普遍性。

这场骚乱不仅没有马上平息，还有后续的论文提供支持。如果达尔文主义者不能指出这个研究存在什么失误，结果将不堪设想。

所以达尔文主义者也开始奋起反击。

反对者认为，要想真正断定这是定向突变，就需要进一步证明，突变了的细菌除了利用乳糖的基因发生突变外，其他无关的基因都没有发生突变，才能证明这是仅仅针对乳糖发生的定向突变，否则毫无意义。而要做到这一点，就必须随时检测大量细菌的全部基因序列，当然这是不可能完成的任务。所以，这个看似坚实的证据，事实上并不可靠，至少需要进一步证明。

但新拉马克主义者仍有其他证据，比如天然的基因工程。

现代分子生物学的发展，使人类具备了在基因水平对细胞进行操作的能力，从而使细胞获得新的性状。这就是基因工程。人为的基因工程可以让细胞定向获得某种性能，比如提高一些有用蛋白的产量等。

近来发现，某些细菌竟然也有自己的基因工程，它们会对自己的基因做出操作，从而达到适应环境的目的。这就很有意思了。

1994年，分子生物学家们培养出了一种新型细菌。这种细菌完全丢失了利用乳糖的基因，靠自身的力量没法再利用乳糖。但是，它们还有其他措施来解决这个问题，那就是质粒，有些质粒拥有可以利用乳糖的基因。不过，不巧的是，质粒上这段基因的中间多了一个碱基，使基因实质上处于无效状态。从理论上来说，就算细菌拥有这个质粒，仍然没有利用乳糖的能力。

但是，当把这种细菌接种在只含乳糖的培养基上时，发生了令人意想不到的变化。它们居然可以主动删除某个碱基，但这样处理非常危险，往往会影响细菌的生理功能，甚至造成死亡。所以，凡是被删除的地方，细菌又会用专门的蛋白质工具把缺口补齐。不过删除工作往往随机进行，修复也是随机的，并没有很强的特异性。到目前为止，这些都符合新达尔文主义。

根据细菌的删除能力，它们完全可以通过随机的方式删除质粒上的那个多余碱基，从而使乳糖酶基因恢复活性。但由于是随机删除的，所以概率很低。首先，它必须正好删除那个多余的碱基；其次，细菌的修复系统不要再把被删除的碱基补齐。这两者都没有可控性，所以，很难出现预期的结果。

但是，难并不意味着做不到。

细菌就真的做到了。它们利用天然的基因工程技术，启动复杂的基因重组程序，其中涉及一系列的重组蛋白，最终成功地把那个多余的碱基删除，然后在那个位点降低修复工作的效率，或者不修复，最后终于获得了可以利用乳糖的正常基因。整个细菌因此而在贫乏的培养基上生活了下来。

所谓天助自助者，似乎在细菌身上也得到了体现。

这说明了什么呢？说明细菌并不只会随机突变，在某种程度上，它还主动控制了基因的突变，使细菌朝着对环境更适应的方向前进。

而且，这些基因突变当然就成了细菌的"获得性"，如此一来，获得性也真的是可以遗传的。

对于细菌来说，几乎每一个变化都是基因水平的变化，所涉及的性状当然都是获得性改变，这些改变无一例外都可以遗传下去。细菌还可以获得质粒上的遗传信息，并且也可以遗传下去。从这种意义上说，获得性遗传对于细菌而言是正确的。或者说，对于所有的细胞而言，都是正确的。

但是，要想利用细菌的基因工程支持新拉马克主义，可能为时尚早。已有学者一针见血地指出：所有定向突变都是假象，因为研究者只盯着相关基因，而忽略了其他基因，他们没有对比其他基因位点的碱基删除与修复概率，却以为这种工作只发生在某个特定位点，是因为太想看到某个结果，所以只看到了某个结果，而没有看到其他结果。也就是说，研究人员太想看到乳糖酶中间的那个碱基被删除，结果他们真的看到了这个结果，而对其他位点的碱基被删除的事实视而不见。这是典型的一叶障目，不见泰山。

至此，新拉马克主义者的所有努力，都以失败告终。

新拉马克主义之所以屡屡受挫，是因为中心法则在根本上否定了获得性遗传，信息只能从DNA传递给蛋白质，而后天获得的性状无力改变DNA序列，这一事实使获得性遗传成为不可能。所以到目前为止，还没有真正支持新拉马克主义的生物学证据出现，恐怕以后也不会再出现了。就像有批评者指出的那样，如果大街上有钱包的话，早就被人捡走了。你在大街上没有捡到钱包，是因为街上根本就没有钱包。新拉马克主义者之所以没有找到证据，是因为根本就没有证据。

可以这么说，在与新拉马克主义的对决中，新达尔文主义取得了胜利，但对神创论的战争，却遇到了前所未有的困难。

第12章

神创论的幽灵

有人声称达尔文的理论不能满足现代的生物学家，这句话无疑是对的，如果他把全世界的生物学家都算进去的话。

——凯洛格

当科学界内部因为进化的机制问题争论不休的时候，神创论者也没有闲着。20世纪20年代，美国掀起了一股反进化论高潮，先后有三十七个州的议会收到了禁止在公立学校讲授进化论的议案，并且几个州通过了议案，其中以田纳西州于1925年通过的《巴特勒法案》最为出名，由此法案引出的"斯科普斯案件"被美国新闻界戏称为"猴子审判"，一时间成为街头巷尾谈论的重要话题。

《巴特勒法案》第一条规定：在田纳西州无论是全部还是部分由州公立学校基金资助的大学、师范院校以及其他所有公立学校的任何教师，如果讲授任何否认《圣经》所教导的关于人的神创历史的理论，并且代之以讲授人类是从低等的动物发展而来的进化论，就是违法。

第二条进一步规定：被发现违反本法案有罪的任何教师，将视其情节轻重，每次罚款不少于一百美元，不多于五百美元。

第三条进一步规定：为了保护公共利益，本法案颁布后立即生效。

巴特勒谈到这一法案的起因时，说有一位牧师告诉他，一个年轻的小姑娘上完大学以后，就再也不相信上帝了，转而改信进化论。巴特勒忧从中来，他觉得有必要采取行动，于是提出了这项法案。

全国各地的科学家和部分宗教人士闻知此事，特意向田纳西州州长提出要求，请他否决此项法案。但州长没有顶住保守派的压力，最终不得不带着万分无奈的心情签署了这项法案。他当时自我安慰地说："这个法案不会起到什么真正的效果。"

事实上州长错了，这个法案不但引发了诉讼，而且制造了一个轰动一时的新闻事件。由此而进行的种种争论，特别是关于科学价值与言论自由问题，以及科学的划界问题，至今仍为科学哲学界议论不休。

随之而来的诉讼其实是由美国公民自由联合会有意挑起的，其主要目的并不是为了科学，而是为了自由。他们认为此项法案违反了美国宪法，所以不能对限制言论自由和科学自由的《巴特勒法案》视而不见，于是决定找一个代理人来故意违法，然后把争论拿到法庭上解决。他们在报纸上公开刊发广告寻找愿意肇事的志愿者。

很快，在田纳西州代顿镇出现了一位名叫斯科普斯的志愿者。他其实并不是生物学教师，也没有讲授过进化论，他之所以向法院自首自己违反了《巴特勒法案》，纯粹是为了替美国公民自由联合会向《巴特勒法案》开战制造事端。有一个在代顿镇开煤矿公司的纽约商人也想让代顿小镇出名。于是几方一拍即合，故事就上演了。

既然有人自投罗网，那就开审吧。1925年7月10日，斯科普斯案正式开庭。审判过程全部公开，每一步进展都可以被报道，记者云集于代顿，由无线电广播网向全国直播。电报业务更是比往日繁忙了十数倍，大量信息发向全世界。许多关心科学或宗教的人士都在关注此案的进展。

对斯科普斯提起公诉的原告律师是曾代表民主党竞选过三次总统但三次都没能当选的国务卿布莱恩。他是个道德主义者，素有"伟大的平民"的好名声，强调保护弱势群体的利益，反对强盗式的资本主义制度，是个典型的有绅士风度的好心肠的保守主义者。他一直对社会达尔文主义深恶痛绝，因此对进化论也极度厌恶，并把德国军国主义归过于进化论的影响。在这种心理基础上，他积极采取行动，在好几个州动员通过反对进化论的法案，最终在田纳西州取得了成功。现在斯科普斯主动以身试法，布莱恩决定亲自上阵，以便用他极富煽动性的口才捍卫宗教正义。

为斯科普斯辩护的是自由律师达罗，他是一位享有盛誉的"劳工辩护律师"，也是个好斗的坚定的无神论者。本来美国公民自由联合会并不想请达罗帮忙，因为他的无神论背景可能会影响案子的宣判。但斯科普斯敬仰并相信达罗，所以才让他操刀上场。

这场对决注定十分精彩，因为当时资讯并不发达，很少出现如此万众瞩目的新闻风暴，民众对此充满了期待。

对达罗不利的是，主审法官劳尔斯顿是一名虔诚的教徒，他处处不离《圣经》，每次开庭时都要先做一番祷告。达罗对此非常不满，曾对祷告仪式提出抗议，但没有被法庭接受。更为不利的是，在随机抽出的十二名陪审员中，竟然有十一名是教堂成员，并且多为没有受过正统教育的农民。从这个人员组成来看，进化论其实已经输定了。

此次法庭对决，美国科学促进会没有直接插手，他们只是借这个机会组织科学家通过大众媒体和各种形式的演讲来大力宣传进化论，并在《科学》杂志上发表社论支持进化论。他们一再向大众声明，进化论已得到了全世界科学家的公认，达尔文的学说已成为人类历史上最重要的科学成就之一。该协会许诺向斯科普斯提供科学专家顾问团，但这一提议被布莱恩拒绝了。他知道专家做证意味着什么，在专业知识上与专家对抗，等于自取其辱。所以布莱恩明确表示，把专家带到法庭上来是不合适的，允许专家就此问题做证，意味着要用专家的判断取代陪审团的判断，更意味着让陪审团承认自己的无知和愚昧，没有资格审判这件小小的案子。

这样一说，法官果然拒绝了专家出庭做证。达罗对此决定曾提出强烈抗议，结果被判蔑视法庭。

达罗在辩护中采取的主要措施就是告诉法官，科学与宗教并不对立，它们的内容虽然不同，却是和谐一致的。科学解释的是物理和物质领域的现象，宗教涉及的是精神领域。学生有信仰的自由，但也有权了解有关人类的所有真理，进化论正是这真理中的一部分，所以不应被禁止。

达罗声称，科学理论是试探性的，是可以被不断完善的，它的体系是开放的、更新的，其主要作用是指导技术的进步，改善人类的物质生活；而宗教中的论断是终极性的，内容是不变的，体系是封闭的，一切都无法改变，其主要功能只是为了人类的道德教导和精神慰藉。

然后，达罗提出了一个最具攻击性的论点：科学理论一旦被认为是正确的，科学共同体就会一致承认并接受。所以，在真理面前，只有一个科学界。而宗教则不然，他们有不同的信仰，每一个宗派都认为自己的信仰才是正确的。美国有五百多个宗派，那么，谁才真正有资格代表所有的宗派呢？而且，有的宗教人士公开表态支持进化论。那么，布莱恩以宗教的名义提起的诉讼就是无效的，他不能代表普遍的宗教界的观点。

布莱恩控告的要点则是：第一，进化论缺乏科学的实证；第二，把进化论教给学生妨碍了他们对宗教的信仰和对社会价值的认识；第三，信奉《圣经》的大多数人应该掌握公立学校的教学内容。对布莱恩而言，科学家信不信进化论并不重要，重要的是公众有权决定学校应该教什么。

布莱恩再一次拿出了科学哲学这一武器，他从根本上否认进化论是科学理论，因为科学理论要求有实验事实可以重复验证。当与实验事实不符时，它可以被证伪，比如牛顿力学、相对论和热力学的诸多定律都是如此。可是进化论描述的是亿万年才能发生的事情，在目前人类的科技水平下，根本没有可能重复这一过程。所以进化论不能被证明，也不能被证伪，只能算作一个科学假说，而不是科学理论。

布莱恩更多的考虑是关于道德方面的，他指责进化论鼓吹"优胜劣汰"和"弱肉强食"的"适者生存"思想，对社会伦理和道德层面产生了严重的负面影响。进化论出现以来的世界历史就是活生生的例子。布莱恩甚至痛心疾首地控诉说，如果没有进化论，可能就没有战争大屠杀时的心安理得。

法庭上，达罗与布莱恩展开了针锋相对的交叉盘问。相信《圣经》的布莱恩被达罗步步紧逼，窘态毕显，完全失去了一个政治家应有的风范，被新闻报道描述为与达罗在智力上不堪一比的可怜的醉汉。

在盘问中，达罗问布莱恩："《圣经》明明说创世初只有亚当和夏娃一家，那他们的儿子该隐的妻子又是谁家的女儿？"

盲信《圣经》的布莱恩从没想到过这种问题，他只好承认不知道。

达罗又问："在五千年前，中国有多少人？"

对此布莱恩当然无法回答，因为中国人的历史似乎超出了《圣经》所说的时间范围。

达罗知道时间问题是《圣经》的软肋，因为根据当时的科学研究，地球的年龄已远超《圣经》所介绍的四千年历史了。为此，达罗逼问布莱恩："您是说地球的年龄只有四千年吗？"

布莱恩明知这是一个陷阱，他只好否认："不，我认为它要比那古老得多。"

达罗再问："您认为地球是在六天内被造出来的吗？"

这次布莱恩打了一个花枪，他回答说："《圣经》上所说的一天，并不是现在24小时的一天。"

达罗抓住这一点，继续追问："那么，《圣经》说的一天早晨和晚上，对您来说是什么意思呢？"

对此布莱恩没有任何观点，他所能做的就是拒绝回答，并一再强调那不是24小时的一天，此外不愿再做更多解释。在达罗的一再追问下，布莱恩不得不用近乎无赖的手法回答道："我认为上帝用六天或六年，或者六百万年，甚至是六千万年来制造地球，都是一样的容易，至于哪一个数字更有意义，我认为并不重要。"

达罗最终提请陪审团裁决：进化论是事关社会进步与人类幸福的科学理论，而《创世纪》一半是赞美诗，一半是寓言，是一部分人对世界做出的宗教解释。因此不能用《圣经》的权威来控制学校的科学教育。

布莱恩在辩论总结中充分发挥了他的演讲才能。他向陪审团指出，科学是一股巨大的力量，但它不是一位道德教师。本案是一场激烈的战斗，一方以科学的名义反对基督教信仰，另一方则希望通过立法来捍卫他们的信仰。陪审团必须在上帝和邪神之间做出选择。

双方都用极富煽情的语调表达了各自的立场。布莱恩呼吁：如果判决进化论胜利，那么基督教就被毁了。达罗也用同样深刻的话语指出：在这个法庭上，不是斯科普斯在接受审判，而是文明在接受审判。

激烈而精彩的辩论吸引了大量听众，法官担心听众会把小楼踩塌，只好把审判移到草地上举行。当时草地上悬挂着一幅标语，上写"读你的圣经"。达罗立即提出抗议，要求将此标语撤下，或者再悬挂一条同样大小的"读你的进化论"。法官只好下令取下标语。

因为在辩论中一边倒的优势，各方媒体都以为达罗赢定了，很多人觉得没有好戏看而提前离场。不料达罗却采取了一个令人惊讶的举措，他竟然直接提请陪审团判定斯科普斯有罪。因为只有判决罪名成立，他们才能上诉到高级法院，以此进一步扩大本案的影响。达罗并且宣布不做最后陈述，这样原告方布莱恩也不能做最后陈述。可怜的布莱恩为了这个最后陈述已经准备了好几个星期。

法官最终做出了判决，根据陪审团的意见判定斯科普斯有罪，并且处以一百美元的罚款。当时有另一位被告律师问法官，是否可以送给他一本《物种起源》。法官只好表情尴尬地说"可以"，结果引发全场大笑。

六天以后，获胜的布莱恩在一次午睡中去世，享年六十五岁。他应该是死于中风。有记者专门跑去问达罗，布莱恩是不是因为打官司太累身心交瘁而死。达罗回答得很干脆："不是，他是吃太多撑死的。"

美国自由联合会后来果然向田纳西州高级法院提起上诉，结果一百美元的罚款被取消，理由是法官无权决定罚款数额。然后借此小问题，也顺便推翻了该案的判决。高等法院并没有把此案发回重审，而是直接撤销。这对他们来说，实在是一件毫无意义的工作。

田纳西州历史学会把这件事刻在了一块石碑上：

1925年7月10日至21日，县立中学老师斯科普斯试图解释人是从猿变化而来的理论，触犯了最近通过的州法律。斯科普斯被宣判有罪。

此记。

神创论者在初审中赢得了诉讼，但输掉了形象。

除了科学家们积极行动利用科学媒体宣传进化论外，大量好奇的民众也涌向代顿，这里好像在举办一场嘉年华。传教士们也借此机会大力布道，有人则牵来了猴子要上法庭做证。来自世界各地的记者对这场诉讼主要是抱着看热闹的心态来搅场的。《芝加哥论坛报》刊登了一幅漫画，加了一个讽刺性的但模棱两可的标题：如果猴子可能投票，进化论将会得到更多的支持。画面上，那只对进化论持反对态度的猴子成了备受攻击的少数派。

此案经过各大媒体的渲染报道，宗教派力量被描绘为保守愚昧和无知的化身。有人对审判结果直接用"臭名昭著"加以形容。田纳西州也因此名声扫地。当阿肯色州审议反进化论提案时，阿肯色州前州长就曾这样警告议会：如果通过反进化论提案，将会像田纳西州那样遭人讥笑。

媒体事后发表了大量持有明确立场的文章，有的人文笔尖锐激烈，直接抨击此次审判是科学家精心策划的一场阴谋，并指责科学家的目的是使人类堕落为畜生。但这种观点完全无法成为主流的声音，反而是达罗所做的几则发言成为科学向迷信开战的宣言书：

如果给在公立学校教授进化论定罪，下一步就会禁书和报纸。不久就会让教会之间互相攻击，以自己的信仰替代别人的信仰。无知和狂热不会停止，人们总是贪得无厌，永不知足。那会让我们退回到16世纪的黑暗时期，让盲目的信徒用柴火烧死那些给人类带来智慧和知识的人。

没有人可以和真理决斗，真理永远不可战胜，真理也不需要法律的帮助，更不需要政府的力量。真理是永恒和不朽的存在，不需要世俗力量的支持。相信真理的人会与真理同在，与进步同在，与科学同在，与智慧同在，与自由同在。我们与真理同在，我们从不恐惧。

这种振聋发聩的声音虽然没有彻底震醒当时的人们，却也起到了积极的引导作用。虽然其他各州在这一审判结果的鼓励下，不断有人提出反进化论教育的法案，但通过审议的寥寥无几。田纳西州的这个《巴特勒法案》从此再没有被提起过，直到1967年被撤销。那时斯科普斯还活着，他亲眼看到进化论取得了这场争论的最后胜利。

但此案的影响不可小视。1972年，对该校中学生所做的调查结果表明，四分之三的学生仍然相信《圣经》，提示进化论的教学水平明显下降。出版商因为担心教材销路不好，尽量少提进化论的内容。而教师害怕受到处理，所以大多不敢公开承认自己相信进化论。科学界握有真理，但在这场斗争中败于无形。

这场审判后来被改编成百老汇戏剧《风的传人》，于1955年上演，进而于1960年被拍成电影，并获得四项奥斯卡奖提名。影片不断向世人演绎着神创论与进化论绵绵不绝的斗争。

其实这场审判并不是终点，它没能影响到进化论的研究，却无疑影响到了进化论思想的传播。直到1981年的《平衡法案》中，美国公民自由联合会和美国科学促进会精心合作，一直上诉到联邦最高法院，才联手打了一个漂亮的翻身仗。

美国政府自20世纪60年代起，因为与苏联冷战的需要，开始加大科研投入力度，科学教育得到了长足的发展，生物学教育也从中受益。《巴特勒法案》被取消，进化论教学的地位自然得到了提高。

但神创论者的水平也在提高，并演化出了好几个派别。其中有一派名叫"科学创世论"派，由一批基督徒科学家组成，以莫里斯等人为首的科学家提出了"科学创世论"，他们仍然坚持以字面意思理解《圣经》，然后努力在科学上寻找证据。比如他们相信地球只有一万多年的历史，化石是在大洪水时期形成的，人和恐龙曾共同行走在地球上，等等。这些几乎显得愚昧可笑，不可能得到主流科学界的认可。但他们一本正经的研究蒙骗了众多普通读者，得到了大量支持，这也是不争的事实。

1981年3月13日，经过科学创世论者的努力，阿肯色州参议院通过了"平衡对待创世科学与进化论"的议案，此即《平衡法案》。3月17日，众议院也批准通过此法案，两天后经州长签署生效。

美国公民自由联合会立即做出反应，着手准备向联邦地区法院提起诉讼。这同样需要一位起诉人，通过美国公民自由联合会的精心安排，最后以小石城的一名牧师麦克里恩的名义起诉，因此本案又称"麦克里恩案"。

原告方拥有十名专家证人，其中包括生物学家、神学家、地质学家和历史学家，著名的古尔德便名列其中。他们从各自的专业领域为麦克里恩的论点提供有力的专业支持。为了提高影响力，他们还拉上了当地五个教派负责人充当联合原告。

几乎与此同时，路易斯安那州也通过了一个与《平衡法案》类似的法案，但美国公民自由联合会没有精力在两条战线上同时开战，所以选择先对阿肯色州动手。

起诉的理由中提到，该法案违犯联邦宪法，违背了美国政教分离的原则，并且缺乏世俗的立法目的，明显是在支持和偏袒某一宗教派别。"创世科学"自认为是科学，而实际不是。科学是一个非常具有专业性的领域，不是谁想来说几句都可以的。科学家们受过专业的训练并且取得了专业的成就，他们当然才最具有在本专业领域发言的资格。关于生命起源的问题也一样，最有发言权的不是政治家，也不是宗教界人士，当然更不是民众，而是科学家。

科学创世论者也积极组织人力参加诉讼，他们协助阿肯色州大律师对原告的指控一一进行了反驳。他们指出，《平衡法案》并没有支持或偏袒任何一个宗教派别。因为"创世科学"与"进化科学"的性质相同，都是关于生命起源的科学模型，完全可以采用世俗的和非宗教的方式进行教学。这当然也不违背政教分离的原则。

在"斯科普斯案"中，双方辩论的焦点在于进化论到底算不算科学。而在"麦克里恩案"中，转而争辩创世论是不是科学。如果不是科学，本着政教分离的原则，它不可以进入课本在学校讲授；如果是科学，当然就有资格和进化论一样，在学校里进行讲解。这正是双方律师辩论的焦点所在。至于进化论和创世论的具体内容，不是他们关心的对象。

1981年12月7日，联邦地区法院对这一案件进行了为期十天的审理。基于科学创世论采取的策略，法院不得不对创世科学到底是不是科学做出裁决。

1982年1月5日，美国联邦地区法院法官做出了判决，宣布阿肯色州的《平衡法案》是支持宗教的非法尝试，显然在用超自然的观点来支持宗教。并且科学创世论已被进化论者证明为神话，允许在课堂上讲解相关内容就等于是在课堂中讲授神话，这是对教育的不负责任，应当取消。

科学界因此非常兴奋，《科学》杂志不惜全文发表判决书，大力宣扬他们的胜利。科学界还料想，这一结果将为取消路易斯安那州那个法案提供司法范例，取消另一个《平衡法案》当非难事。

但谁也没有想到，路易斯安那州的诉讼进程竟然一波三折，居然比阿肯色州诉讼还要艰难。

本来，科学创世论在路易斯安那州的第一次诉讼中已经失败，判决结果也与阿肯色州相似。但科学创世论支持者不甘心就此罢手，他们说服路易斯安那州的大律师上诉到第五巡回法庭，要求撤销原判。巡回法庭三人调查组经过审查后得出了维持原判的决定。路易斯安那州的大律师仍然不服，进一步请求由巡回法庭的全部十五名成员重新听证此案。结果巡回法庭以八票对七票驳回了请求。

虽然科学创世论者再次败诉，但他们从八对七的微弱劣势中看到了希望。因此，他们决定上诉到联邦最高法院。

1986年5月5日，美国联邦最高法院宣布受理这个案子，这才让科学界认识到了问题的严重性。如果科学创世论在联邦最高法院中胜诉，后果将不堪设想，因为最终的判决结果是不允许更改的。而没有人敢保证，联邦最高法院会做出怎样的判决。

美国科学促进会决定行动起来，他们开展了一场声势浩大的声援活动，由全国七十二位诺贝尔奖获得者和十七个州的科学院及其他七个科学团体向美国联邦最高法院递交了联合请愿书。请愿书指出，所谓"创世科学"的实质，只不过是戴着科学面具的宗教，希望法官了解这一基本常识，然后做出正确的裁决。

最终，双方律师在法庭上继续就"科学创世论"是不是科学展开了辩论。美国公民自由联合会的律师抛开其他细节性的纠缠，以不容怀疑的论据向法官证明了"创世科学"的宗教本质，这就足够了。因为这样，如果在学校中讲授"创世科学"，就违反了美国宪法第一修正案中禁止支持任何一种宗教派别的禁令。

这个诉讼策略是成功的。1987年6月19日，联邦最高法院以七票对二票的比例判决路易斯安那州《平衡法案》为非法。进化论这才取得了惊险的胜利。

不过这场战争并没有就此结束。1991年，一本非专业人士写的全面批评进化论的《审判达尔文》出版，标志着"智慧设计论"也加入了反进化论的行列。而科学创世论者也始终没有放弃与进化论对抗的努力。也就是说，进化论已经面对多线作战的局面了。

智慧设计论是一种比科学创世论更具有迷惑性的新形式的神创论。与科学创世论的不同之处在于，智慧设计论并不强求别人承认智慧设计论是科学，而是转而掉转枪口，攻击进化论只是一种意识形态和自然主义的哲学，也不是一种科学。因为进化论不是建立在坚实的经验事实基础上的，而是建立在哲学假设之上。与其他宗教一样，进化论也形成了一个宗教，相信进化论的科学家是科学传教士。

智慧设计论还需要和科学创世论划清界限，因为科学创世论已经被联邦法院判定为不是科学，跟他们拉关系没什么好处。但他们当然也不必和科学创世论把关系搞僵，毕竟大家实质上都统一在造物主的势力范围之内。

智慧设计论提出了这样一种理念：只要相信超自然的造物主引发了创造的过程，并且按一定的计划和目的不断控制这个过程，那么大家就都是创世论者。他们与进化论斗争的策略也是争取在学校受到平等对待，并从法律角度提出了新的借口：法院如果禁止学校给智慧设计论和进化论相同的教学地位，那就是"观点歧视"，不符合法律精神。

智慧设计论拉到了许多较有影响的学者入伙，值得一提的是化学家贝希。与非专业人士不同，他是美国一家大学的生物化学教授，并拥有生物化学博士学位。他的代表作《达尔文的黑匣子：生化理论对进化论的挑战》经过多次再版，在普通读者中造成了很大的混乱。贝希利用普通读者对生物化学和分子及细胞生物学的生疏，从生物化学角度揭示了分子水平上的精确的剪裁过程和细胞世界的复杂结构，这确实是一种奇迹，但是经典生物学可以解释。不过贝希不管这些，他硬是把那些精确和复杂的结构说成是进化论不可解释的存在，并给这些结构制造了一个术语，即"不可降低的复杂性"，比如植物的光系统、血液凝集系统和细菌的鞭毛等，都具有这样的特点。这些系统中的每一个成分都是有用的，而且互相配合得很好，相互作用，组成了一个有机的整体。其间任何一个部分的缺失，都会使整个系统失去作用。为此，贝希举了一个著名的例子，他把一些细胞结构比喻为捕鼠的鼠夹。鼠夹的每一个部分都不可能起到捕鼠的作用，只有把它们有机地结合起来才能行使特定的功能。

是谁设计了鼠夹的各个部分并把它们一次性地组装起来的呢？只能假定有一个智慧的设计者，这个智慧的设计者当然只能是上帝。

其实智慧设计论者并没有提出什么新的见解，不过是以往神创论所用技巧的翻新回炉。不过这些人都拥有博士头衔或教授职位，在撰写论著时也尽量使用科学术语，在引文规范和论证方式上也与主流学术的写作方式保持一致。这给普通读者造成了很多假象，严重影响了对其本质的判断。

这伙人很活跃，到处举办大型研讨会，努力通过各种手段扩大社会影响力。为了提升公众信任度，他们甚至发表了一份名为《对达尔文学说的科学异议》的公开声明，声明中说："对于随机转变和自然选择解释生命复杂性的能力，我们表示怀疑。"

经过不断的活动，大约有三百五十名科学家在这份声明上签了字。其实美国科学促进会的科学家有十几万人，这几百个人并不能表明什么。不过为了小心行事，美国国家科学教育中心也跟着发表了一份针锋相对的声明，声明强调：对于进化的发生以及自然选择是主要的进化过程，科学界没有严重的怀疑。在这份声明上签字的科学家有五百名左右，因为他们只接受名为史蒂夫的学者签名，以此表达对坚定的进化论大师史蒂夫·古尔德的尊敬。

尽管如此，智慧设计论还是在美国掀起了不小的风浪，以至于几乎各州都有了反对进化论教学的提案，对进化论发起了猛烈的进攻。

1999年8月11日，美国堪萨斯州教育委员会以六票对四票的多数，拒绝了在考试标准中列入"中小学学生必须了解达尔文进化论"的提案，也就是在教学大纲中删除了进化论的内容。这虽然不是禁止学校教授进化论，但明显也不鼓励。消息传出，在全国又一次引起热议，特别遭到了科学界的强烈反对。各大媒体纷纷对此加以报道和评论。《时代》杂志专门请古尔德撰文对州教育委员会的决定做出批驳。

令人尴尬的是，在美国颇有影响的盖洛普民意调查显示，只有不超过百分之十的民众相信进化论是真的，其他人则选择不相信进化论。为了拉选票，当时正在竞选总统的小布什公然表态说，他同意地方学校有权决定自己的课程，有权教授不同的理论。其他总统候选人则一律采取含糊其词的说法蒙混过关。他们既不想得罪选民，也不想落下一个无知的名声。

好在堪萨斯州州长比较有科学素养，他以愤怒的语调批评了州教育委员会的这一愚蠢举动，并准备通过法案解散该州的教育委员会以挽回影响。

时隔不久，宾夕法尼亚州多佛地区学校委员会又擅自公开发表声明，决定从2004年1月起，该地区学校九年级学生会被告知，自然选择的进化论并不是完善的理论，智慧设计论完全有资格被当成另一种科学理论用来解释生命的起源和进化。这一声明引发了多佛学区的十一名学生家长和美国公民自由联合会的联合诉讼，把学区委员会告上了法庭。多位专家前往做证，指证该声明违法。美国科学教师组织也出面指责这一举动是"美国科学教育的悲剧"。

宾夕法尼亚州联邦地区法院2005年12月20日做出裁决，认为智慧设计论从根本上来说仍是宗教理念，仅仅是创世论的翻版，而不是一个科学理论。判决书以严厉的语调指责道：在公立学校讲授智慧设计论不但违反宪法，而且是一种"惊人的疯狂"行为，是极端无知的表现。

学区委员会也很委屈，他们坚称那个声明纯粹是出于教育目的，而绝非宗教目的。这种辩解是没有意义的，那些家伙后来在改选中全部被清除出了学区委员会。

多佛只是个小地方，这个审判也没有费多大周折，但其意义不容忽视。因为在2005年，美国有大约二十五个州立或学区委员会曾经考虑要在学校讲授智慧设计论。以至于道金斯哀叹说，美国正处于空前的科学黑暗期。

智慧设计论和科学创世论的所作所为终于让科学界忍无可忍。2006年6月23日，多国科学家联合签署一份声明，发动了一轮最为猛烈的抨击，指责这些人正在混淆关于生命起源的知识，并试图隐瞒和否认在这一问题上取得的科学成就。道金斯抨击智慧设计论与地球是平的理论一样，是不值一驳的胡扯。但这些人瞎折腾一气，会给民众造成一种假象，让民众以为真的有两种学派，一派是智慧设计论，一派是自然选择的进化论。这种错觉是一种严重的误导。

然后，道金斯还讽刺地责问智慧设计论者：是谁设计了设计者呢？

看到了智慧设计论对美国造成的影响，英国的《自然》杂志也不能袖手旁观了。2005年4月28日，《自然》杂志专门就这一问题刊发了一篇社论。社论认为，许多科学家对智慧设计论的态度是不屑理睬。他们认为，把超自然的教义和科学混合在一起，是倒退到了自然哲学家们寻求炼金术之类的伪科学时代。然而，由于智慧设计论在美国大学校园里正日益流行，科学家们不应对此漠不关心。

许多上过基础生物学课程的大学生都是有宗教信仰的，而宗教信仰至少在表面上是和达尔文的进化论不相容的。但教授们上课时很少讲信仰与科学之间的冲突，这就使学生把智慧设计当作调和宗教与科学的一条出路。社论认为，这不是一个好现象。因为智慧设计论正在用科学的方法寻找上帝存在的证据，它威胁到了科学理性的核心。社论建议教授们应该引导学生去正确看待这个问题，不要被智慧设计论一时的表象所迷惑，而应该有自己的思考和判断，这也是教授的责任之一。

美国的《科学》杂志当然也积极关注科学与智慧设计论之间的论战，并把进化论研究取得的新成就列为"2005年十大科学突破"之首。这一研究成果证明了单一的基因突变足可造成巨大的飞跃，可以把一个物种变成好几个物种，解决了物种迅速生成的问题，以此作为对神创论的沉重一击。

至此，进化论已经展示了强大的生命力，特别是经过全新的综合之后，已经形成了臻于完美的科学体系，达到了无人可以撼动的地步。

第13章

新时代的综合

达尔文的论述中隐藏着某些重要推论，可以从逻辑上得出更重要的结论，直到最近才被注意到。

——道金斯

许久以后人们才发现，科学家居然很难对"科学"下一个科学的定义。

研究科学哲学的哲人们忙来忙去，弄了很多理论，结果发现他们连科学的划界和研究范式都搞不定。科学家们在用不同的方式从事着自己认为是科学的工作，演绎和归纳都被认为是有效的模式，甚至偶然的突发奇想也可能导致科学上的重大突破。爱因斯坦用相对论证明了牛顿力学的不完美，然后量子力学又发现相对论也需要提高。这里面只有一条主线是正确的：科学总在不断自我完善和提高，在人类的不懈探索下，不断逼近事物的本质。

进化论无疑也存在这一现象，当新达尔文义者排除了获得性遗传等一系列错误之后，综合进化论则再次对达尔文主义进行了修订和完善。

孟德尔的遗传理论被认可以后，所有的生物学家都在怀疑一件事情，达尔文的遗传理论破产了，那他的进化理论还能站得住脚吗？很多人转而过分依赖孟德尔的遗传理论，当时称为孟德尔主义。该理论相信，遗传物质是颗粒状的，它们不会发生融合，只有遗传物质的突变才会遗传下去，所以获得性遗传是不存在的，这就从根本上击垮了拉马克主义。更重要的是，孟德尔主义者相信，只有遗传物质的突变才能造成进化。由于当时对遗传学的认识不足，很多人对于染色体重排造成的巨大突变非常吃惊，因此认为新物种的出现没有任何预备期，不做任何过渡，就这样突然出现。至于自然选择，作用并没有达尔文宣称的那么强大，而极有可能只是旁观者。所以，孟德尔主义的理论又称突变论，用以修订达尔文提出的渐变论。他们自以为掌握了生物遗传的本质，同时也洞察了生物进化的本质，所以有资格两面出击，一方面打拉马克的耳光，一方面又对达尔文进行嘲笑。

大名鼎鼎的摩尔根是孟德尔主义的杰出代表，他用毫不起眼的果蝇和牛奶瓶在简陋的实验室里进行了大量的遗传学研究，并发现了许多突变现象，而且这些突变了的果蝇长势很好，似乎无论如何突变都没有什么问题。为此摩尔根误以为突变才是进化的真正动力，不管是否具有适应优势，都会在群体中扩散开来。那么自然选择还有什么意义吗？摩尔根的回答是"没有任何意义"。

可惜摩尔根忽略了实验室的培养条件并不等同于自然环境，玻璃瓶里的正常生长只是一种假象。这些可怜的突变果蝇一旦回归自然，很快就会悲惨死去，它们根本没有生存竞争的能力。

著名遗传学家贝特森虽然是自然选择理论的忠实支持者，却也是一个坚定的孟德尔主义者。他不接受连续变异的重要性，坚持认为跳跃式的不连续的变异更为常见，也更为重要。所以他认为，生物进化只能是跳跃前进的。

在这些观念影响下，很多人都有一种流行的看法，认为达尔文主义和拉马克主义一样，都已经过时了，可以扔进历史的垃圾篓中了。

达尔文主义的忠实追随者皮尔逊等人则以生物统计学研究为基础，坚决反对突变论。他们仍然坚持，在生物统计的水平来看，生物变化的总体表现结果是连续的，比如人的身高，总是呈现一种连续的变化趋势，这才是生物性状的正常现象。那些不连续的变异，比如皱皮的豌豆相对于圆皮的豌豆而言，基本上属于无意义的变异。或者说，跳跃性的变化并不是生物性状的普遍现象，逐渐的和微小的变化论并没有错误。

就这样，生物统计学家和遗传学家们为了各自的真理战成一团，有的甚至从好友变成了仇敌。两派激战正酣之际，有人则另辟蹊径，努力从论战中寻找可能的共同点，其中的桥梁之一是：如果有很多遗传因子同时影响同一种性状，那么，就有可能既保证孟德尔遗传因子的独立性，又可以解释生物统计上的连续变异。因为在大量遗传因子的相互作用下，简单的孟德尔比例就会消失，变异的连续分布就会出现。所以两派之间大可不必非要争个你死我活。

这一友好的理论后来虽被实验证实，但在当时没有被任何一派接受，反倒弄了个两面不讨好。

各派继续展开研究，以期用过硬的实验结果征服对方。他们研究了由大量个体构成的群体，并以统计手法计算它们的遗传结果。群体遗传学因此得到初步发展。但所得的资料表明，孟德尔的那种碰碰球式的遗传模式很难在其他情况下得以完美再现。1909年，一位瑞士遗传学家以小麦的颜色为研究对象做了一系列实验，当所考察的特定遗传因子很少，比如只有三四个时，每种遗传因子都遵循孟德尔定律进行独立分离，这表明遗传因子确实具有完整的颗粒性。但是，当因子数量增加，比如增加到了十个左右时，因为相互间的影响加强，将会出现约六万种表型。表型如此之多，以至于很难把它们清楚地分开，所以表现为连续的变异现象。这就好比在黑色和白色之间，如果只有两种颜色，就非常容易区分，而如果在黑白之间连续分布着数万种由浅入深的颜色，那就再难分清谁是谁了，看起来就好像是遗传因子出现了混合效果。

这种说法与进一步的实验结果吻合，得到了越来越多遗传学家的支持。此外，研究人员还发现，自然选择可以提高有利基因在群体中出现的频率，即所谓"好"基因会越来越多，对生物不利的基因则受到了限制。这种"好"和"坏"的筛选过程，就是物种进化的过程。

这种简单地把基因突变列入"好"或"坏"的方法没有认识到基因之间存在着复杂相互作用，比如，单独看起来可能是"好"的基因突变，却可能影响了另一基因的表达，从而出现了"坏"的性状。这种交叉影响非常繁杂，有时根本难以探究其间的真正作用链条。

群体遗传理论不断得到发展的同时，发现基因突变对群体的影响也在不断降低。一个群体在自然条件下，只有少数个体才会突变，形成所谓"野生型"。这些野生型往往因为生活能力不强而被迅速淘汰，只有极少一部分能够存活下来，并成功扩散突变了的基因。从这种意义上说，个别突变对于群体几乎没有什么影响。

还有一种说法，认为在一个群体中，早就存在大量基因后备军，大量的突变都被保存了下来，然后被群体储藏起来，随时等候自然选择的调用。这些突变不一定是适应的，但时过境迁，贮备基因极有可能时来运转，那时它们就会在特定的环境下帮助群体渡过难关。因为环境千变万化，所以保存大量的突变有利于应对不测事件。两性交配可以引发基因之间的强烈反应，同时可能引发大量突变，所以成为进化的重要动力。

群体遗传学家们还相信基因突变对进化的塑造力量，强调基因频率变化的意义。他们死死盯住生物体内的单个基因，而不是生物个体，并认为每个基因如同个体一般，都有着自己固定的适应值。在他们眼里，进化只不过是这样一种事情：一个生物群中某些基因的增加或减少的过程。所以自然选择也就可有可无了。

把遗传学中的各种复杂的学说和自然选择结合起来，并构建了群体遗传学主体框架的，是三位学科背景不同的重要学者，他们分别是费舍尔、霍尔丹和赖特。

费舍尔本是剑桥大学的高才生，现代统计学的奠基人之一，毕业后到加拿大做了一段时间农民，后来发表论文证明了连续变异的存在，对达尔文的理论有独到贡献。

因为生物统计方面的共同语言，费舍尔和皮尔逊有过大量接触。皮尔逊过度相信达尔文的混合遗传理论，而费舍尔相信孟德尔的颗粒遗传理论，两人为此争吵不休，结果反目成仇。于是费舍尔在著名的罗素的支持下到一家实验农场独自展开研究，最终在1930年发表重要著作《自然选择的遗传理论》。他相信，一个物种的群体越大，就越有利于进化，因为大的群体可以保存更多的变异。变异的增多，导致进化呈现出连续性。因此，费舍尔不同意跳跃式的突变，这对达尔文是一种极大的安慰。从此以后，颗粒遗传问题再也不是进化论的死穴。

霍尔丹生于科学世家，父亲是一位生理学家。霍尔丹自小就受到科学的熏陶，经过在牛津大学的深造，最终成长为一位知识渊博的伟大学者。他海纳兼收，在很多领域都取得了不俗的成就，最重要的工作是把遗传学和数学直接应用于进化论研究。特别是数学的引入，有助于洗去人们对进化论的一些误解，使进化论更加精确，也更有说服力。1932年，霍尔丹出版《进化的原因》一书，成为经典的群体遗传学巨著。

基于其对进化论的认识，霍尔丹和华莱士一样相信马克思主义并成了一名共产党员。他还在英国主编《工人日报》宣传革命，后因不满英、法等国的国际强权，于1957年迁居印度并加入了印度籍。

赖特是美国人，自小受到良好的教育，后取得哈佛大学博士学位，直至成为美国科学院院士。他通过豚鼠体色的实验，有力地证明了不同基因之间相互作用的重要性。这些小动物在自然界的小群体中很容易出现伦理问题，随便发生近亲交配。而近亲交配又很容易衍生出新的变异，然后在一定的隔离条件下，经过自然选择的挑拣，可以发生迅速的进化。

赖特还提出了遗传漂变的概念，指明了一个特定的基因可能会在一代一代的传递过程中出现上下波动，这是一个随机的过程，随着种群大小不同而起伏幅度不同。特别是在小的种群中，有的基因可能会增加，有的则可能会减少，甚至消失。因为是一个随机的过程，所以自然选择的作用不大。但在大的种群中，这种随机事件就大为减少，遗传漂变的效应大为降低。

人类血型的多样性极有可能是遗传漂变的产物，因为每种血型都具有适应性。A型血的人并不会比B型血的人更具有优越性或生活得更差。那么，各种血型的差异就有可能是遗传漂变造成的，而不是自然选择的结果。这些血型性状，大致可以被看作是中性性状——不那么好，也不太坏。

赖特还详细论述了基因型和表型的关系。弄清了这些概念，有助于更好地理解进化论。基因型是一个生物的基因信息总和，对生物的性状起到控制和决定作用。表型就是生物表现出来的样子，比如个子是高还是矮，毛发颜色是深还是浅等。基因型决定表型，不同的基因型决定了不同的表型。所以，基因不同的人，长相也是不同的。但基因型和表型也不是严格的一一对应关系，有时不同的基因型也可以产生相同的表型。

摩尔根后来发现，基因型的突变其实对表型的影响并不像想象中的那么严重，很多果蝇的基因型发生了大变化，甚至出现染色体倒位现象，但长出来的果蝇基本还是老样子。这就否定了孟德尔主义坚持的基因型突变会导致表型突变的观点。所以，摩尔根到1910年以后开始慢慢承认自然选择的力量，1916年更是宣布说：有害的或中性的突变在群体中不能扩散，有益的突变由于带来较快的繁殖速度，可以迅速扩散到整个群体中。自然选择在这个过程中可以显现自己的力量。

遗传学家们更多关心的是一段时间内的物种遗传性状的改变，并追踪这种改变的基因本质。而古生物学家们关心的时间跨度就长多了，他们往往以千万年为单位考察物种变化。那些追随达尔文的优秀的传统博物学家们则更重视物种的地理分布和其间的差异。山这边的鸟和山那边的鸟可能在外形上很不一样，而那些被局限在某一封闭地区的物种可以保持长时间不变。持这种观点的人，更关注物种横向的变化，而不是时间上的改变。历史与地理的结合，使人们对物种变异和自然选择的看法更加清晰。

随着时间的推移，生物学的发展越来越具有系统性，系统内部的分工也越来越明确。明确的分工对各领域的研究是一件好事，但也在一定程度上造成了不同专业背景的知识隔阂。支持达尔文的进化论者与孟德尔主义者展开战斗的同时，却不知道孟德尔主义早已落后于遗传学的发展，而进步了的遗传学家们又专注于基因层次的研究，对于生物的分类和变化起源了解不多。几个方面的学者各说各话，以自己的理解解释着进化论。

这就是当时的混乱情况。

最终，"达尔文的斗犬"赫胥黎再次表现出了他对进化论的影响。他留下三个著名的孙子：一个是作家；一个是生理学家，因研究神经动作电位而得过诺贝尔奖；还有一个则是担任过联合国教科文组织首任主席的著名进化论者朱利安·赫胥黎。1942年，朱利安创作了《进化：现代的综合》一书，正式提出了现代综合进化论的概念，对遗传学、分类学和古生物学的研究成果进行了全面综合。赫胥黎家族优美流畅的文字能力为综合进化论的传播提供了成功的保障，从此，综合进化论洗去了笼罩在达尔文头上的所有污名，并因此而一战成名。

综合进化论其实并没有提出新的理论，不是创新，只是综合。朱利安花费大量精力，把原先各个领域零散的进化论成就整合了起来。不同领域的学者们在这个平台上可以找到共同的语言。自然选择的进化论在度过了充满危机的漫漫寒冬后，再次迎来了生机勃勃的春天，其影响一直持续到现在。

综合进化论提出了一个简要的理论框架，这个框架就是：孟德尔的遗传理论与达尔文主义并非水火不相容。进化论完全可以在孟德尔遗传学的基础上展开新的研究。正是孟德尔式的突变为自然提供了选择的余地，生物就这样随机地突变，然后接受自然的选择。这原本正是达尔文主义的精髓。两者天然和谐，浑如一体。

但当时仍有一批生物学家被遗传学家复杂的数学模型搞得晕头转向，他们鄙视那些整天做数学推理却不去进行野外观察的学者，因此也很难有共同语言。如何解决其间的隔阂，是当务之急。

正当其时，又有几位重要人物出场，其中的杰出代表当属著名遗传学家杜布赞斯基、动物学家迈尔和古生物学家辛普森。

杜布赞斯基出生于俄国，在俄国大学毕业后从事生物学研究，年纪轻轻就发现了基因的多效性，为此受到前辈的赏识。1927年，杜布赞斯基幸运地避开了李森科的迫害，来到美国哥伦比亚大学摩尔根实验室工作，后随摩尔根去了加州理工学院任教，从此开始系统的遗传学研究，并取得了丰硕的学术成果。经摩尔根帮忙，杜布赞斯基加入了美国国籍，并于1937年出版了名著《遗传学与物种起源》。这部著作将遗传学和自然选择完美地结合在一起，成为综合进化论的核心支柱，因此也被誉为"20世纪的《物种起源》"。杜布赞斯基还提出了文化进化的概念，指出人类的进化是生物学和文化相互作用的结果，以此反对把人类的进化只看作是一个生物学的过程。

在《遗传学与物种起源》中，杜布赞斯基系统地表述了综合进化论的思想，明确提出关于进化机制的研究应归属于群体遗传学的范围。物种形成和生物进化的基本单位不是个体，而是群体或种群。

那么什么是种群呢？就是生活在同一生态环境中，并能自由交配和繁殖的同种个体。杜布赞斯基把种群看作是物种的基本结构单位，同时也是进化的基本单位。进化的过程也就是种群基因频率发生改变的过程。

杜布赞斯基非常重视突变的作用，只有遗传物质的不断突变，才会给生物进化提供无限的可能。所以，突变是进化的关键。虽然每一个体的基因突变率很低，但生物总量足够多，地球时间足够长，所产生的突变可能性也就极其可观。然后轮到选择的力量发挥作用，自然选择无情地消除了有害基因，不断保留适应的基因。而新的基因要想传递下去，就必须保证繁殖的成功率。所以，生存竞争在某种程度上就是繁殖竞争，适者生存其实应该是适者繁殖。

杜布赞斯基还认识到隔离的重要性。如果缺少有效的隔离，所有种群混在一起随便杂交，就不容易形成相对固定的形态。所以，隔离是物种形成和稳定的关键。隔离方式主要有地理隔离和生殖隔离。地理隔离很好理解，一条大河就足以让两岸的兔子保持相安无事，而不会出现肉体接触，在某种程度上保证了两岸种群的纯洁性。而生殖隔离也很好理解，一只娇小可爱的雌性吉娃娃狗显然不能和高大粗壮的雄性藏獒交配。机械障碍只是生殖隔离的基本手法，此外还有很多复杂的机制保持各自物种的纯洁性，特别是在细胞和分子水平上的隔离更是令人叹为观止：一只森林狼很可能会在意乱情迷之时和野猪发生肉体关系，但它们的精子和卵子因为细胞表面蛋白受体的障碍而没有融合的可能。就算发生了融合，染色体也不能配对。自然之手在用无数种细微的方式控制着世间的一切。

《遗传学与物种起源》的内容广博而深刻，因此取得了巨大的成功，不断再版。直到1970年，杜布赞斯基还在第四版中做了大量修订工作，甚至把书的名字都改掉了，改为《进化过程的遗传学》。从中可以看出，这个自信的学者已经不再把遗传学放到和进化论同等重要的地位了，而只是将其视为进化论的一个部分。

这本书是对综合进化论的进一步发展，一个重要的改变就是，杜布赞斯基不再把自然选择看成是一个筛子，他认识到自然选择并不能把所有有害的基因给过滤掉，也不能只保存最优秀的基因。有些基因明显不怀好意，甚至是致命的，但也被自然选择保留了下来。正因为如此，才会形成复杂的生物多样性。如果自然选择是如此严厉，对于稍弱一点儿的机体根本不留情面而一律痛加诛杀，自然界就不会呈现如此纷繁复杂的美妙与和谐。

杜布赞斯基还对自然选择进行了分类，起到淘汰作用的自然选择属于"正常选择"，其主要作用是消除有害基因，这也是最重要的选择。所以现存生物体内的基因大多是有用的，或者至少是无害的。

第二类自然选择叫作"平衡选择"，这类选择的淘汰力不是很强，它可以容忍相对有害的基因，镰刀型红细胞贫血病的基因就这样被保存了下来。

第三类是在特定条件下才出现的"定向选择"，它选择出来的基因不一定是最好的，但在当时条件下是最合适的。通俗一点儿说，大量耐药性细菌的出现，就是因为抗生素起到了定向选择的作用。而抗药性基因之于正常细菌，从经济角度来讲，原本是一种累赘。

辛普森的功劳则体现在古生物学领域，他在《进化的节奏与方式》一书中指出，化石记录所揭示出的宏观进化是通过微观进化的积累效应产生的。他通过定量分析澄清了一种误解：很多人都以为马的进化是直线性的，即现代马是由小体型的多趾原始马不断进化而来的，其实那只是拉马克的一厢情愿而已。辛普森用化石证据表明，马的进化树很不规则，其中曾出现过很多奇形怪状的马，这些怪物都被自然淘汰了。我们现在看到马的直生进化只是一种假象。

另一位重要学者迈尔是德裔美国学者，2005年2月3日逝世于哈佛大学，享年101岁，被誉为"20世纪的达尔文""达尔文之后最伟大的进化论者"。他最为关注地理变异与气候对物种进化的影响，并非常欣赏杜布赞斯基提出的"隔离机制"概念。在此基础上，他提出了"异域物种形成"的概念，其主要意思是说，被隔离的群体有机会发展各自的性状，一旦这种性状稳定下来，后来就算地理隔离消失，隔离机制仍然能阻止不同群体之间的相互交配。也就是说，单靠地理隔离就可以产生出很多新的物种。

迈尔在动物多样性和系统分类方面的研究取得了大量成果，正是经过他的努力，人们才认识到生物多样性起源研究的重要性，使之成为进化论研究的中心问题之一。在1975年退休之后，迈尔开始关注达尔文进化论在人类思想史中的地位，为此他出版了大量著作，其中《生物学哲学》略显深奥，而《进化是什么》《很长的论点》都是雅俗共赏、风行世界的优秀进化论作品。

　　总之，综合进化论在多门学科发展的基础上，继续保留了达尔文思想的核心，那就是自然选择。我们现在对生物进化论的主体认识都来源于综合进化论，这个理论体系有明确的技术路线图：生物进化的基础是遗传物质的偶尔突变，然后这些突变接受自然的选择。无论是剧烈的还是逐渐的变化，都只不过是基因连续变化的表现而已，是变化的两种极端情况。这些变化的最终生物学基础，都源自基因持续的随机变化，其本质是统一的。

　　综合进化论根据基因水平的研究，明确提出了这样一种概念，即某一物种之内的生物，虽然表面上看起来大致差不多，比如狗，无论是上海的狗还是北京的狗，我们都可以一眼看出那是条狗。但是，这些狗在基因水平上其实完全不同，每一条狗都与另一条狗存在明显而确定的基因序列上的差异。因此，所谓"种"的概念，实在是一个很模糊的东西，再也不是此前所认识的那样。人们本以为在同一个物种内的生物应该在本质上是相同的。实则不然，综合进化论指出，世间的生物从基因水平来看，没有谁和谁在本质上是一样的，除了一卵双生之外。

　　随着对基因认识的加深，也解决了生物性状混合的问题。达尔文无疑看到了生物性状可以混合的现象，比如，深色皮肤的父亲和浅色皮肤的母亲生下的孩子的皮肤颜色可能介于深浅之间。可惜由于不了解孟德尔的理论，他只能相信遗传物质是可以混合的，所以性状才会混合。

　　而遗传因子的"混合论"必须要解决一个困局：如果一个物种在漫长的岁月中好不容易等来了一个优秀的突变个体，却会在交配过程中因不断相互混合而变得面目全非。这个得之不易的优良性状如同一滴糖水落进了大海中，不会再有一点儿甜味。

当时反对者曾死死抓住这一点不放，持续攻击进化论没有进化的基础。而达尔文一点儿办法也没有，他只能承认那是进化论的死穴。

现在有了基因型和表型的概念，这一困惑也得以迎刃而解。基因虽然是完整的，呈现一定的不可融合的"颗粒"性质，但是，基因所表达出来的表型在某种程度上是可以"混合"的。也就是说，控制深色皮肤和浅色皮肤的基因并不会混合起来，它们仍然按照原来的序列遗传下去。但这些基因表现出来的皮肤的颜色确实可以表现出中性肤色，看起来好像是被混合了。

综合进化论还对宏观进化和微观进化进行了沟通，沟通后的统一体使综合进化论的内核更为简洁，看起来也更具有科学性。

在遗传学家眼里，基因的突变只能是一点点的、慢慢进行的微小突变，这也正符合达尔文当初的设想。小小的突变不断带来进化，这就是所谓的微观进化。微观进化有证据支持，所以没有人反对，甚至连保守的神创论者也不会反对。但这一理论的局限是，所有的变化都不会产生惊人的后果，所以很难用微观进化解释大量新奇物种的产生。而且，在实验室中，基因水平的突变很难制造出新物种来，基本都是在物种内部变来变去的，这也给反对者提供了口实。

20世纪40年代，一位美国遗传学家提出了宏观进化的概念，他主张对生物进化起决定作用的不是微观进化，而是以物种为单位的宏观进化，即物种在漫长的地质年代中发生在"种"这一层次之上的大变化，比如从鸟类到哺乳动物，从裸子植物到被子植物，都是宏观进化现象的代表。该理论旨在阐述微观进化所不能解释的物种变异，对大的物种门类的出现做出说明，并可以解释古生物化石的某些现象。前文提到过的间断平衡理论正是用于解释宏观进化的一个重要理论。

问题是怎样才会出现宏观进化呢？

一些学者给出的答案是：只有大突变才会产生大进化。所以，宏观进化是跳跃性突变的结果，而不是以点点滴滴的微观突变为基础。可能的方式是以整条染色体的改变进行的，这种大的改变极有可能产生出大的物种跳跃。老鼠的后代，极有可能因此而变得面目全非，在化石上的表现，就是新种的突然出现。

也有观点认为，其实宏观进化并不排斥微观进化，跳跃性的突变也仍然是在基因微小突变的基础上进行的，只不过表现得比较激烈而已。所以，宏观进化与微观进化这两种表述并不是根本的不同，而只是观察视野的不同。

但达尔文主义者对宏观进化的提法非常不满，仍然坚信进化只能是微观进化积累的结果。把宏观进化和微观进化掺和到一起，是瞒天过海的欺人做法。正如要步行去千里之外，只能一步步地走过去，最后的结果虽然显示目的地离出发地很远，但那只是缺少中间环节带来的假象。如果有人用摄像机一步步地拍下步行的过程，就不会产生这种突然的假象。只可惜，化石没有保存下来物种每一步的变化，我们只看到了结果。

综合进化论对微观进化和宏观进化进行了调和，把微观进化看作是进化的基础。当很多微观进化汇集起来时，结果就表现为宏观进化。这正如数千条小溪可以汇合成江河洪流一样。

但是，这种调和其实并没有真正起作用，部分微观进化论者和宏观进化论者之间仍存在尖锐的对立。包括古尔德在内的支持宏观进化的学者们相信，微观进化是微不足道的过程，对于物种进化并没有实质意义：一条母狗生下小狗，每一代之间都会有微观的变异，但那仍是狗，根本不可能变成猪。只有宏观进化才有可能形成新的物种，这种变化是跳跃的、巨大的，所以也有着与微观进化完全不同的生物学机制。因此，宏观进化应该是一种独立的现象，并不是微观进化的简单积累。

微观进化论者不同意这种看法，他们指出微观进化的速度其实是变化的，有时很慢，有时也很快。这一切都与环境的变化有关。当速度很快时，很可能就会表现出宏观进化的样子来。微观进化论者甚至用非常有力的论证表明，只需要通过微观进化，从一只小鼠进化到大象这样的庞然大物，大致只需要一万年就足够了。而这在地质上的表现，只不过是弹指一挥间。

宏观进化论者还有一个麻烦就是，他们需要大突变来制造大进化，但如何才能产生所谓的大突变呢？从生物学角度来看，特别是从基因层次来看，要想让大突变之后的基因仍能维持生物学作用，几乎是不可理解的，谁都知道从一堆洗乱的牌里随机摸出一副同花顺是多么困难的事情。更困难的是，生物是一个协调的有机体，局部的改变必须有其他器官的配合才有意义，一双光秃秃的没有羽毛的翅膀只适合做烤翅，而不适合飞行。有翅膀有羽毛却拖着一对粗重的大腿，同样也飞不起来。整体性的大突变，实在是难比登天！

宏观进化论者针对这种责难，公然提出了"有希望的怪物"理论，与综合进化论进行对抗。他们认为始祖鸟就是一只卓尔不群的"有希望的怪物"，后来成了鸟类的祖先。同时，宏观进化论者还反问微观进化论者，如果所有器官都是一点点渐变出来的，那么请问，一双短短的没有长全的还不足以飞起来的半截翅膀又能有什么用处？

与此相关的争吵至今仍很激烈。从基因层次来看，是有可能发生大突变的，HOX基因就是一个重要的例证。人与黑猩猩的各种蛋白质大多结构差不多，只有不到百分之一的不同，而这一丁点儿的不同造成了人和黑猩猩如此严重的差别，这似乎充分说明有某种重要的发育调控基因存在，这些发育调控基因的突变将会是大突变的基础。

可是，就算这种大突变真的存在，它所产生的那只绝无仅有的"有希望的怪物"又到哪里寻找配偶呢？如果找不到交配对象，当然就意味着绝后，那么这只怪物的希望到底何在？

看来这个难题一时还找不到更好的解释。

所以综合进化论仍然不是最后完成式，达尔文的支持者仍然需要继续努力。1947年，遗传学、分类学和古生物学共同问题委员会在普林斯顿成立，该委员会由三十多位学术权威组成。在这次高手云集的科学大会上，学者们清晰地表达了这样一句话：自然选择是一切适应性进化的机制。

1959年11月，在纪念《物种起源》出版一百周年的庆祝大会上，各方科学家联手宣布：综合进化论得到了全面认可，自然选择学说取得了全面胜利。就算有些问题，都只是小问题，并不足以撼动进化论的权威地位。

迈尔曾对综合进化论有过总结性的论述：这是《物种起源》问世以来，进化论研究史上最重要的事件。进化论的综合虽然不是一场革命，但显而易见它是达尔文进化论的最后成熟。他满怀信心地指出，进化生物学与生态学、行为生物学、分子生物学的结合，提出了无穷无尽的新问题。然而，需要强调的是，任何新的发现都不可能对综合进化论的基本理论框架有突破性的打击。

必须承认，综合进化论并没有彻底解决所有争论，包括宏观进化和微观进化之间的问题，没有一方能完全说服另一方。进化论的综合也没有如迈尔所说的最后完成，还有一些争论，比如自然选择的层次问题，是在群体水平进行选择，还是在个体水平进行选择，或者是在基因水平进行选择呢？

这当然又是一个各派争论不休的难题。

第14章 选择层次的困境

生命是立体的结构，有不同的结构层次。自然选择对生命的作用，也不应该只停留在单一的结构层次上。

——古尔德

综合进化论为各方提供了一个漂亮的研究平台，同时也提供了一个论战的舞台。在这个平台上，进化论内部因为自然选择的适用范围和作用对象又出现了新的分歧。这些争论常常发生在进化论大师之间，充满了理性与智慧，因而显得分外迷人。其中的群体选择理论、个体选择理论和基因选择理论的斗争，正是一个经典的例子。而群体选择是挑起争论的导火索。

群体选择就是以群体为单位的自然选择，其核心观点是：自然选择作用的对象不是稀稀落落毫无组织的个体，而是一个个群体，比如狮群。群体选择往往就是集体性生存竞争。非洲草原上狮群之间的领地竞争就是赤裸裸的群体竞争，一个群体如果被外来者击破，这个群体内的几乎所有个体都要面临灭顶之灾。当某个不知名群体中的最后一只小狮子被咬死以后，尽管还可能保留几头苟活于世的母狮子，但作为群体，无疑属于被淘汰的失败者。

前文已经提到，爱德华兹于1962年为了解释利他行为率先提出了群体选择理论。他认为，自然选择的对象是群体而不是个体。为了群体的延续和发展壮大，其中的个体往往会放弃自身的利益，特别是生殖的欲望，从而为群体谋取最大的福利。狮群里的每头狮子都应该为了群体利益而战斗。我们也曾听过这样一种广泛传播的说法，草原上的狼群在个体数量锐减时，母狼会毫不犹豫地提高生殖速度，以确保群体数量保持在一定的水平上。

群体选择理论似乎首先在人类社会得到了验证。

个体为了群体而奋斗甚至牺牲，就是舍小家为大家的观点，对于文明社会相当有吸引力，特别是对于政治家来说，更是意义非凡。天下兴亡，匹夫有责，热血男儿都会在保家卫国的号召下勇敢地奔向前线。他们似乎都在为国家这个群体付出自己的鲜血。文学作品中的英雄形象也总能让人热血沸腾，而叛徒卖国贼永远是人们口诛笔伐的对象。

有些民族还有一些特殊习俗，北极的因纽特人在更换居住点时，老人们为了不拖累部落的迁移，往往会主动留在原居住点静待死亡来临。这些老人用自己的牺牲保全了部落的利益。

然而，最近的研究开始打破一些假象，比如那些留下来的老人，事实上并非出于自愿，而是被强行抛弃。此前群体选择论者手里还有一个类似的动人故事，据说成年雄狒狒在豹子进攻时会挺身而出保护群体。但这个故事并不可靠，更精确的观察表明，一旦豹子出现，成年雄狒狒总是第一个溜之大吉。

问题在于，作为一种科学理论，"群体"的概念是不合格的。这是一个非常模糊的名词，包含的个体可多可少，所占的地盘也可大可小，竞争的范围有时超出了划定的界限。一群斑马为了生存会不停地奔波，群体也因此时聚时散，个体成员在不断地变换。但在面对危险时，它们仍然会一如既往地精诚团结，与围攻的狮子大战一场。而在另一个战场，有可能换了一批成员面对另一些敌人，比如面对猎豹的威胁，甚至在丑陋的鬣狗面前也不敢掉以轻心。这样，我们就很难给出一个斑马群体的准确信息。

建立在模糊概念之上的群体选择理论不得不面对许多责难，特别是面对个体选择理论的反击。

大部分学者仍然追随达尔文的经典理论，相信自然选择作用的对象应该是个体而不是群体。如果个体为了集体的利益而牺牲自己的利益，自私自利者就会坐享其成。久而久之，那些品行优秀的个体就会被彻底淘汰，或者蜕变为自私者。从这种逻辑上说，群体选择理论是行不通的。

在爱德华兹提出群体选择理论四年之后，美国生物学家威廉斯于1966年出版了《适应性与自然选择》一书，对群体选择理论展开全面驳斥。这本书于1996年再版时，已经加进了很多新的研究成果，对群体选择理论的反击显得更为强劲。

威廉斯指出，运用物理学原理和自然选择原理可以解释的生物学现象，就不必引用更加复杂的机制加以解释。所以，以群体选择为目的的解释虽然听起来迷人，却根本不必要。苹果树开花结果，为的只是自己的繁殖，而不是为了人类的营养状况和经济利益。偶尔一只苹果落到了牛顿的头上，那也纯粹是物理学原理在起作用，于苹果自身而言，根本对牛顿不感兴趣。威廉斯嘲笑群体选择论者没有搞清这两者之间的区别。有些生物学机制产生的结果只不过是偶然事件，而不是必然结果。所谓为了群体利益，基本上都属于偶然结果，并不是出于生物本身的目的。比如一只羚羊跑得快，那是它逃避敌害的需要。一群羚羊跑得快，只是每一只羚羊都跑得快的总和，并不需要因此就认为羚羊是为了群体的生存才跑得快——它只是为了个体的生存才跑得更快，但表现的结果像是为了群体而跑得更快。这样的结果就是偶然性结果。从这种意义上说，群体选择理论纯属多余。

威廉斯强调，解释同一事物所涉及的理论层次越低就越有效，能用简单的基因选择解释的事情，就不必借助复杂的群体选择。然后，他通过详尽的论证表明，与群体有关的选择，根本就不存在。

为了彻底驳倒群体选择学说，英国生物学家史密斯于1973年提出了"进化稳定策略"理论。该理论提出了这样一种模式，在一个动物群体中，可能存在两种行为类型：一类是相对温和的鸽派，它们天性和平不好争斗，遇事先是虚张声势地吓唬对手，实在不行则走为上策；另一类为好勇斗狠的鹰派，它们嘴尖爪利，好胜心强，决斗时敢于穷追猛打，必将对手置于死地而后快。

在一个群体中，如果所有个体全是鸽派，那么，只要突变出一只好斗的鹰派分子，则所有的鸽派都将面临灭顶之灾。鹰派数量将会因此而急剧上升，最后统治整个群体。但是，当群体全由鹰派组成时，所有好斗的家伙都将与对方互相厮杀，必然出现大量伤亡。无止境的内战将使鹰派元气大伤，反而为避战不出的鸽派腾出了生存空间。经过反复的拉锯，最后将达成一种平衡，鹰派和鸽派的数量各占一定比例，形成所谓的稳定状态。这就是进化稳定策略的要义。动物几乎所有的行为，比如交配习惯、采集习惯，甚至休闲的方式，都有某种稳定的策略。

一旦一个群体中绝大多数的个体都选择了某种稳定策略，那么偏离稳定策略的突变者就很难立足。突变者要么改变策略顺应大众潮流，要么退出生态系统，最终这种突变行为会在进化过程中消失。这很好理解，士兵在齐步前进的时候，一个偏离行进队伍的有个性的士兵会很快被将军处理掉。明白地说，一个群体内一旦形成了某种稳定策略，大家最好全体遵守，不要随便出格。行为独特的个体将面临被淘汰的危险。

比如有一种雄蝇喜欢待在牛粪上等待与雌蝇约会。某只雄蝇在牛粪上等待的时间长短不能只按自己的喜好来决定，而取决于其他雄蝇等待的时间长短。如果一只独特的雄蝇生活很有规律，每次在牛粪上等待的时间总是半个小时，那么，其他众多等待一个小时的雄蝇将会额外获得与迟到的雌蝇交配的机会；同理，如果另一只雄蝇看出了其中的门道，每次在牛粪上等待的时间长达两个小时，它的战友们则极有可能飞到另一堆新鲜的牛粪上去寻找新的机会。所以，固定等待的时间过长或过短，都不合适，只有采取与大家差不多的时间才是最聪明的选择。

很多现象都可以用进化稳定策略加以解释。狮子不去追捕另一只狮子，而是追捕弱小的羚羊，是因为狮群已形成了这种稳定策略；同样的道理，羚羊看到狮子就会撒腿飞逃，而见到别的羚羊时毫不惊恐，因为这是羚羊的稳定策略。一只见了羚羊也要乱跑一气的突变了的羚羊，很快就会耗尽能量而死；而在狮群中大打出手的任性的狮子也会成为稳定策略的牺牲品，最终被其他狮子共同消灭——循规蹈矩者才是优秀的群体成员。它们表面上是为了维持群体的稳定，本质上却是为了维护自己的利益。

进化稳定策略很好地解释了"仪式性争斗"。所谓仪式性争斗，就是群体之内的战争往往不是你死我活的战争。在人类看来，那似乎只是一种装模作样的仪式，你张张嘴，我龇龇牙，或者大叫几声，比比谁的嗓门大。有的鸟儿则抖抖羽毛，战争往往因此而搞定。像人类那样大规模的互相屠杀在动物界是一种极罕见的丑事。并不是动物的道德高于人类，而是进化稳定策略在作怪。人类在火力装备势均力敌的情况下，往往也采取这种策略，这就是我们企盼的伟大和平。

此前，群体选择理论对于仪式性争斗的解释是，虽然在争斗中杀死对手是一件比较有利的事情，胜利者可以独霸更多的资源和配偶，但为什么它们没有陷入无休止的生死搏杀的泥潭中呢？因为仪式性争斗可以避免无谓的伤害，对整个群体的繁衍是有好处的。换句话说，大家为了群体的利益而收敛了自己好战的天性。

这种解释似乎极具诱惑力，表面上看似乎确实如此。一个村里的村民也都知道和睦相处的道理，难道群体选择理论有什么错误吗？

进化稳定策略理论却不这么看，这一理论认为，仪式性争斗只是久经沙场而形成的稳定策略，根本不是什么谦虚问题，更不是为了群体的利益，而只是因为采取这种策略才能更好地生存。不遵守此种争斗规范的个性张扬的家伙早已青山埋骨、冢生蒿苔了。

有时面临严重的威胁时，稳定策略也可能会被打破。一群狮子如果要抢夺另一群狮子的地盘，则必将展开一场生死对决。温和的谈判解决不了此类事关存亡的重大问题。

进化稳定策略本是一个自然科学理论，后来被扩展到经济和政治领域，而且运用得相当成功，由此导致博弈论的兴旺发达。股市炒家不得不挖空心思与其他炒家展开博弈，并希望最终形成一种稳定策略以求最低风险。各个主权国家也都一再强调领土完整不容侵犯，无端挑起事端的行为已相当罕见。国与国之间，也相应地形成了稳定策略。

至此，个体选择已经慢慢成为主流，而群体选择则悄然退场。不过个体选择没有流行多久，就遭到了基因选择理论的强力挑战。

自从基因概念提出之后，基因选择理论就已慢慢形成，后来道金斯在威廉斯等人工作的基础上，于1976年系统地提出了"自私的基因"这一说法，基因选择理论才变得人尽皆知，并立即成为风靡世界的生物学概念。

在道金斯看来，进化的过程既不是群体之间的竞争，也不是个体之间的恩怨，而是基因之间的战斗故事。基因的目的只有一个，那就是不断地、更多地复制自己。那些闪动着肌肤光泽的个体只不过是基因的啸聚之所，是基因临时的、安全的、可移动的藏身之地。一旦基因复制任务完成，身体就会被当成一副臭皮囊而被无情地扔进垃圾篓中。基因则义无反顾地在下一代身体中继续传递，它们从不回头。

在道金斯的笔下，个体的意义被降到了最低点，每一个身体，无论长相是否英俊，个性是否张扬，举止是否儒雅，歌声是否甜美，都只不过为了保护基因并努力把基因传给下一代，除此之外，再无其他意义。

换句话说，身体只不过是基因的奴隶。

基于这个逻辑，道金斯明确指出："选择的基本单位，即自私的基本单位，不是物种，不是种群，严格地说，也不是个体，而是遗传的基本单位——基因。身体并不是合适的选择单位，只不过是基因识别自己拷贝的地方。身体的作用仅仅是保存基因的拷贝和制造更多的拷贝。基因并不在意哪个身体碰巧是它暂时的家。"

基因选择论的成功并不只是因为《自私的基因》一书的通俗易懂，而是因为这一理论受到了大量生物学新成果的支持，人们可以在基因水平上发现很多自私现象。1983年的诺贝尔生理学或医学奖颁给了玉米转座子的发现者。这种转座子，其实就是一段可移动的基因，它可以在染色体上来回乱跑，也可以从一条染色体跳到另一条染色体上，从而改变玉米的某些性状。转座子每到一个新的位置，都会对当地的基因功能造成一定的影响；当它离开的时候，它又会把附近的一些基因一同带走，以确保自己的序列完整无缺。这是典型的唯我独尊的自私行为。还有一种转座子的行为更为恶劣，它本身并不移动，却利用逆转录的手法复制大量相同序列插入到其他部位去，从而在染色体上增加自身的拷贝数量。

病毒也被看成是一种自私的基因分子，它们侵入细胞以后，会利用细胞中一切可利用的手段来为自己服务，然后大量复制自己。如果宿主条件还不错，病毒一般不会发作，它们会舒服地生活在宿主的细胞里，过着衣食无忧的天堂般的生活，这就是潜伏期。一旦宿主的身体发生改变，比如营养跟不上，或健康状况下降，或年老体衰，不能为病毒提供足够的能量和优越的环境，病毒就会设法离开寻找新的居住地，这就是病毒发作了。所以，感染了乙肝病毒或艾滋病病毒的患者，如果要推迟恶性发作期，首先要保证患者的营养。患者吃得好，病毒的脾气也好，当然就不好意思随意发作了。

在分子生物学的助威下，基因选择论的风头彻底压倒了个体选择论。何况个体选择论本身也有一个严重的内伤，比如有利于生殖的性状，往往不利于生存。俗话说纵欲伤身，这绝不是民间传说，而是被小鼠实验证明了的客观事实。一般来说，交配次数和寿命成反比。

当然，这并不表明禁欲者可以长生不老。

达尔文早年就看出了这对矛盾，其实就是性选择和自然选择的矛盾。但如果从基因选择论的角度来看，这个问题自然就迎刃而解了，既然传递基因是生命的第一要务，交配自然要付出巨大的代价。

尽管如此，个体选择论并没有就此退场，而是奋起反击。个体选择的代表人物，就是在美国大众耳熟能详的杰出进化生物学家古尔德。古尔德与道金斯一样，不仅是进化论学者，还是著名的科普作家。他总能用轻松的文笔深入浅出地讲解复杂的科学道理，涉及面极为博杂，旁征博引且文笔优美，是科学散文写作的代表，他曾被美国国会图书馆列为"在世的传奇人物"。他还用浩大的学术专著《进化理论的结构》对进化理论进行集大成式的梳理和总结。在该书中，他对群体选择理论及自私的基因都进行了详细的分析和反驳，从而坚持了经典的个体选择学说。2002年，古尔德因癌症去世，此前他已与癌症战斗了几十年，此间从没有停止研究和写作，几乎成为另一种传奇。

古尔德追随经典的达尔文思想，是坚定的个体选择论者。他写下了大量科普作品对群体选择论和基因选择论左右开弓，进行了无情的嘲笑，所以和道金斯势如水火。

古尔德是犹太人，这个身份决定了他不会像道金斯那样彻底摆脱宗教信仰的影响。道金斯是一位决绝的无神论者，不惜利用一切场合与有神论进行激烈的辩论，是一位生性好战的学者，甚至被比作"达尔文的新斗犬"。而古尔德相信科学与宗教能够共存，两者所在领域不同，原本可以互不干涉。两者之所以经常发生冲突，是因为一方总想证明另一方是错误的。其实，科学本不需要宗教承认，而宗教又无法被科学证明。相互吵下去，只会永无宁日。

古尔德还是一位马克思主义者，他特别推崇恩格斯的《劳动在从猿到人转变过程中的作用》。古尔德批评西方不应因苏联的错误而否定恩格斯的自然辩证法。他支持哈佛大学反对越战的示威活动，并多次参加游行示威，甚至与警察发生冲突。而那时，他已经是哈佛大学的助理教授了。古尔德是"科学为人民"组织的成员，这是一个由反战组织演变而来的激进团体，坚决反对种族隔离和性别歧视，也正因为这一立场，导致他与另一位进化论大师威尔逊之间的激烈冲突。最后一章将详细介绍他们的论战。

因为群体选择论已江河日下，个体选择论面对的挑战主要来自基因选择论。特别是道金斯出版《自私的基因》以后，他立即成为古尔德的头号敌人。

古尔德指出，基因选择理论把鸡看成是一只鸡蛋制造另一只鸡蛋的通道，那只鸡只是一个无足轻重的工具。基因就是这样的鸡蛋，而动物体或植物体，甚至是人，都只不过是基因制造更多基因的工具。个体是速朽的，而基因是永生的。这种说法虽然简洁通俗，但是不能让人满意。

古尔德认为，他已经找到了自私的基因理论最致命的缺陷：自然选择无法对基因直接施加影响。用一句比喻来说，就是自然无法"看见"基因，所有的基因都戴着厚厚的面纱深藏在身体之中，而自然接触的只是身体。所以，自然选择的也只能是身体。如果要决定某一基因的去留，也只能以身体作为中介，而不可能专门将某个单独的基因淘汰出局。

古尔德进一步指出，无论基因的功能多么强大，自私的意愿多么明显，仍只是存在于细胞中的一小段DNA而已。自然选择的对象只能是身体。因为身体更强壮，或外貌对异性更有吸引力，以及诸如此类的因素综合起来，才使得身体被自然选择保存下来。然而，身体的这些特征，比如英俊的相貌，并不是某个基因单独的产物。身体特征和基因之间不存在一一对应的关系。某一特征很可能是由成百上千个基因合作的成果。你让自然选谁不选谁好呢？并且，有的基因必须通过外界环境的作用才能表现出价值。同样一套基因，在一个环境中会长成一副模样，在另一个环境中可能又是另外一副模样，比如鳝鱼，甚至连性别都受到环境的影响，随着水温的不同，可能会长成雄性，也可能会长成雌性。这些都表明，基因对身体的控制能力在某些方面是相当有限的。不同环境下长成的身体会接受不同的自然选择，结果自然也不同。而根据基因选择论，它们被选择的结果应该是相同的，因为它们的基因相同。

另外，自然选择的对象应该是一个整体，而不是身体的各个部分。一个人如果有两条擅长奔跑的腿，但脑部的运动神经发育不良，那么，控制腿的基因就不会受到自然选择的青睐，只会随着其他基因一道被淘汰掉。所以单个的基因谈不上适应与否，只有把所有的基因放到一起，让它们相互作用，然后产生一个总体的效果，也就是身体，才对自然有适应意义。

所以，古尔德得出结论：单独来看，每个基因的自私性是没有意义的，基因必须与其他基因合作，并协调一致，才有可能达到自己的目的。然而，所有基因协调一致通力合作的结果，就是一个身体。因此，自然选择只能发生在个体水平上，而不是基因水平上。

现在已发现，真核细胞内存在大量不表达蛋白质的所谓假基因，也有大量不断重复的序列，有的基因根本看不出有任何功能，但它们也随着其他基因一代代地向下传递。如果自然会在基因之间做出选择，那么，这些无用的基因何以得到保存呢？如果只把它们看作是基因水平的寄生虫，则未免太过拟人化。

当然，个体选择理论也有自己的困难。当"优胜劣汰"和"适者生存"这样熟悉的经典词汇被一再提起时，其实是在清楚地表达一种信念：自然选择是发生在个体水平上的。个体是适应的，它就会生存下去，并且繁殖；否则就是不适应的，会被自然淘汰。这种经典的表述正是达尔文自己的意思。

这种表述也要面对好几个非难，其中一个难以回答的问题就是：到底什么是适者？有标准吗？个体成功的标志到底是什么？让不同领域的运动天才在一起比较优劣，很难说哪个更优秀。标准不同，将会得出不同的结果。那么谁才是真正的适者？

从逻辑上来说，同类的东西才有可比性，狮子和老虎就不适合拿到一起比较。同理，内蒙古草原上的兔子和山东庄稼地里的兔子也不能放在一起强行比较。比较高低是一个棘手的问题，无论如何处理，总会出现大大小小的漏洞，也容易成为攻击的靶点。

　　有人认为，生活得越好的个体就越优秀。白领阶层大致生活得要比民工好，似乎人们也认为白领要比民工优秀。如果再追问一句，吃得好、住得好、穿得好为什么就优秀呢？这似乎很难给出更为深刻的答案。你吃山珍海味，我吃糠咽菜；你穿绫罗绸缎，我穿粗布麻衣；你住高楼大厦，我有陋室一间。这又能怎么样？我们都活下来了，而且都有孩子，我可能孩子更多，谁比谁差？

　　有两类兔子，是解答这个问题的好例子。一类兔子注重生活质量，比较贪嘴，看到有鲜嫩的青草就埋头死吃，根本不理会周围的动静。这种没出息的兔子无疑都是吃货，很容易在吃得心满意足时被天敌猎杀。另一类兔子比较机警，它们会一边吃草一边竖起耳朵保持高度警惕，不时地抬起头来四处张望。这类兔子在单位时间内吃到的草料当然比不上第一类兔子，但在危机四伏的原野，警惕的兔子活下去的机会肯定更大一些。

　　所以生活质量不能作为评判优劣的标准，山沟里的穷小子见到比尔·盖茨的孩子也不必低头自卑。

　　还有人觉得可以拿生殖能力来衡量个体优劣，比如谁留下的后代多谁就成功。但如果以后代多少论，则人不如老鼠；如果以块头大小论，人又不如大象。人与人个体之间也存在类似问题。玄奘法师在佛学上很成功，但他没有留下后代，到底算不算成功呢？而没有任何思想的碌碌小民，在家生七八个孩子完全没问题，那又怎么算？对此，个体选择论仍然没有给出让人满意的答案。

　　随着动物行为学研究的不断深入，加上分子生物学的飞速发展，基因选择论因其内在的逻辑性和预见性而受到越来越多生物学家的拥护。而个体选择论和群体选择论一样，都面临着各种各样的挑战。

其实，基因选择论在面对个体选择论时，态度有时也很矛盾。威廉斯就没有把基因选择和个体选择对立起来，因为那似乎有反对达尔文的嫌疑。但后来的基因选择论渐渐倾向于和个体选择论划清界限，但一时又难以彻底断绝联系，导致人们经常可以听见这样一种表达：基因以无所不用其极的自私手法来大量复制自己，从个体水平来看，就表现为最大限度地生产后代。这种表达方式其实是一种折中，因为生产的后代当然都是个体。这种表达同时保留着一丝希望，希望将来会有一种理论能把个体选择论和基因选择论统一起来，那将是一个完美的结局。

古尔德后来主动提出了一种折中方案，并且得到了包括威廉斯在内的重要学者的支持。古尔德认为，不应该在个体水平或基因水平上争吵不已，应该接受"分级选择"的概念。也就是说，自然选择既不是仅仅发生在个体水平上，也不是仅仅发生在基因水平上，自然选择应该发生在多个层次上，从个体、基因，到物种，甚至在更高的层次上进行选择。比如最近在西方流行颇广的"盖亚理论"，就是以整个生物圈为考察对象，认为生物与环境一道，正在使地球变得越来越适合生存，如果有不和谐因素，将会被生物圈设法清除。该理论已得到大量实验数据支持，正在慢慢站稳脚跟。这一漂亮的理论衍生了一个可怕的结论：地球正变得越来越热，越来越不适合生物的生存。造成这一不和谐现象的原因，主要来自人类的活动。根据该理论的数学模型，地球在最近五十年内将大幅减少人口数量，温度升高和疾病流行是减少人口的主要原因。尽管这个假说有杞人忧天的嫌疑，但近年来接连发生的各种流行性疾病的大面积流行，似乎正是对这一理论的可怕反馈。

争论仍然在继续，如果古尔德的建议是可行的，那么群体选择论就没有必要被批判。有学者认为，只要把群体作为个体的环境，那么，群体选择的主张就可能用个体选择来解释，两者完全可以合并。另外的研究者也进一步证明，只要提出一个合适的模型，那么无论群体选择还是个体选择，都可以得出相同的描述。也就是说，群体选择和个体选择是等价的理论，追问自然选择发生在哪个层次上，本身就是一个伪问题。

如果我们暂时放开自然科学的原则，偷眼看一下人类发展的有文字的历史，其实那是对人类行为冗长且全面的观察与记录，尽管带有某种感情倾向，但拿来分析其中的含义就足够了。可惜的只有一点，所有的历史都是一场不可重复的试验。

中国明朝的最后一个皇帝崇祯在煤山上吊自杀以前，做了一件让人感叹不已的事情，他杀死了几个心爱的妃子，免得她们的身体再为别人传宗接代。但崇祯没有杀死自己的儿子，他宁愿自己死，也要设法在最后关头把儿子托付他人，好为他再传一代血脉。

在生物学家眼里，崇祯的一部分基因就这样传了下去。他虽然为大明江山做出了不少努力，似乎是群体选择的楷模，但归根结底，还是为了传承自己的基因。如果崇祯把国家治理好了，不但对群体有利，对传承自己的基因同样有利，这就是群体和个体可以统一的本质含义。

个体如枯木，朽且可去矣；家国亦云烟，闭目两不见。没有群体，则没有个体；同样的道理，没有个体，也就没有群体。在个体与群体之间，可能确实不存在难以跨越的鸿沟，既然如此，个体与基因之间，难道不是也可以统一起来吗？

遗憾的是，目前我们还没看到一个可以将三个层面进行有机统一的进化理论，要想完成这个任务，肯定还需要长期的努力。

就在大批学者因为选择的层次而争论不休的时候，另一个进化理论横空而出，给自然选择理论制造了空前的麻烦，那就是中性选择理论。

第**15**章

中性选择的挑战

我无意用中性选择取代自然选择的进化论，我没有这个兴趣，也没有这个能力。

——木村资生

1944年，当日本侵略军在中国战场进退两难之际，二十岁的日本青年木村资生考进了京都大学。为了避免被投入到前景暗淡的战场中去，木村到细胞学实验室学习遗传学。日本无条件投降以后，他已获得理学硕士学位，并开始群体遗传学研究。1953年夏天，他到美国继续深造，三年后获博士学位，回到日本后，进入国家遗传学研究所工作，然后有了一个意外的发现。这一发现无意中掀起了另一场进化论风暴。

当时综合进化论大局已定。以DNA双螺旋结构模型为标志，生物学研究也进入了分子时代，用分子生物学研究进化论是一个新兴课题。很多人以为，新的科学技术或将提出新的科学理论，并因此威胁达尔文的理论。但出人意料的是，自然选择理论得到了空前强化。分子研究表明，所有生物都使用相同的分子机制，中心法则放之四海而皆准，生物信息只能从核酸传递给蛋白质，而蛋白质无法把大量信息传递给核酸。这从根本上否定了获得性遗传的可能性，也使综合进化论的核心更加简洁有力。

分子生物学还为进化论研究提供了新的工具，比如在分子水平比较不同物种之间关键蛋白质的氨基酸序列，或者比较重要基因的核苷酸序列，根据序列差异大小确定物种亲缘关系的远近。这要比寻找化石方便得多，似乎也更加准确。

当时测定核苷酸序列还不太容易，但用电泳比较蛋白质差异已成为可能：只要把蛋白质放在一个合适的跑道上，通电以后让它们一齐向前跑。如果蛋白质完全相同，那么跑的速度和方向就完全一致。一旦两种蛋白质之间的氨基酸序列发生改变，就会跑出不同的结果，距离相隔多大，基本就能表明氨基酸序列差距有多大。而氨基酸序列差距越大，表明基因序列差距越大，从而证明两个物种之间的亲缘关系越远。

用这种方法发现，不同物种可以含有相同功能的蛋白，或者在同一生物体内也含有功能相同但结构不同的蛋白。也就是说，有不同的蛋白在执行相同的功能。它们虽然结构不同，但工作效率并没有受到影响。一种蛋白质能干好的事情，换了一种稍有不同的蛋白质，照样干得很好。

这说明什么呢？

说明蛋白质变来变去不是什么大不了的事情！

也就是说，有些蛋白质发生变异后，仍能完成正常的生理功能。同时也表明，一些基因就算发生了突变，也不会影响机体生存。

对于分子生物学家来说，这可能不是什么大不了的发现，但对于进化论学者来说，却能让人惊出一身冷汗。因为这个发现隐藏着一个可怕的玄机。

玄机是什么呢？

玄机就是，大自然面对如此多的蛋白质突变，却并没有做出选择，或者说，大自然即便做出了选择，也只是淘汰那些极度不适合的突变体，对大多数中性突变体，大自然无动于衷。

这就是木村资生提出的中性选择学说。如果换一个容易理解的词加以表达就是：自然不选择。

这下问题大了，本来进化论谈的就是自然选择，现在突然来了个自然不选择，是不是意味着适应性只不过是进化的一部分而非全部？有学者因此提出，适应性并不完全等同于进化，此前的研究太看重适应性的意义，从而把解释适应性的学说等同于解释生物进化的学说，这是一个巨大的误区。

然而木村本人没有这个意思，他是自然选择的忠实信徒，否定自然选择的念头他想都不会想，但他的研究结果让人不得不这么想。

木村领导的研究小组通过计算发现，从整个基因组水平来看，碱基发生替换的速率大概是每两年一个。此前霍尔丹也有过一个计算，证明每一次突变平均约需300个世代的时间。这两种结果相差太大了，肯定有人在什么地方出了差错。木村一向崇拜霍尔丹，深信只要自然选择的力量存在，霍尔丹的计算就不应该有错。可是他自己的计算也没有问题，那么问题出在哪里呢？

结论只能是，在分子水平上，大自然并没有产生应有的严厉的选择力量，大部分突变并没有被淘汰。这种突变对机体可能很有好处，也可能没有更多的好处，但也没有那么多的害处，它们是中性的。这就是中性突变理论。

木村在1968年正式提出了中性理论。中性理论认为，在不同物种体内执行相同功能的蛋白，在漫长的进化过程中有一个固定的突变速率，突变速率相当稳定，几乎可以拿来当作衡量生物进化速率的钟表，这就是"分子钟"。分子钟也可以作为中性理论的证据。环境瞬息万变，由此造成的自然选择的速率也应该快慢不齐，可是分子钟却给出了反证，它不急不慢地稳步前进，充分证明它不受自然选择力量的干扰，所以分子钟才能我行我素地稳步前行。

那么，分子钟应该以什么为单位呢？以代为单位还是以年为单位？木村以为，进化的速率与基因突变的速率成正比，而细胞分裂的时候基因最容易发生突变，因此，分子钟应该以代为单位。一代时间比较短的物种，分子钟相应跑得就快些；一代时间比较长的物种，分子钟当然就要慢些。换句话说，大象的分子钟比老鼠慢。

木村还有另一个漂亮的证据：很多功能蛋白都是复杂的复合体，内部往往会分为几个区域，这些不同的蛋白区域的重要性也不同。一些活性区域执行主要功能，是蛋白质的核心所在，这些部位的氨基酸序列往往比较保守，轻易不会改变，进化的速度也就比较慢。其他区域算是郊区，进化的速度反而快些。木村认为，越是重要的区域，面临自然选择的压力就越大，进化的速率应该越快才对。这就好比重要的岗位，面临很多优秀人才的竞争，干不好就要被淘汰，所以换人应该也快；而有些岗位是没有多少竞争压力的，所以换人相应就慢。可是现在蛋白质的情况颠倒了过来，反而是重要的岗位替换较慢，次要岗位却轮换得较快。

这个现象说明了什么？

只能说明自然选择没有起作用，从而进一步证明中性选择理论是正确的。因为在重要区域，不存在可有可无的中性突变，大多数突变都是破坏性的，严重影响了蛋白质的功能，这样的突变不可能保存。所以，区域越是重要，中性突变就越少，进化当然也就慢了下来。

1983年，木村资生对中性学说进行了一次全面总结，写成一本专著《分子进化的中性学说》。这一理论一举打破了综合进化论的统治局面，被认为是达尔文自然选择进化论以来最有创造性的进化理论之一，也让木村成为进化生物学方面的理论权威。尽管中性理论还有争议，但木村分别得到了美国科学院院士和日本科学院院士头衔，可以看作是对他的充分肯定。

中性选择学说无疑向自然选择扔了一颗炸弹。大批学者立即围绕着这个主题吵开了锅。主流的自然选择派人物当然不能容忍否定自然选择的威力，他们针对木村的论证，给予针锋相对的反驳。

反对者指出，早在华莱士时代，就已将自然选择分为强选择和弱选择。强自然选择就像是脾气暴躁的老师，学生不敢顶嘴，只要与之相抵触，立马会遭到淘汰。有一部分蛋白质的突变就是触犯了强自然选择。而弱自然选择相对温柔，就像是脾气很好的老师，就算学生有违反纪律的行为也不会被立即赶出教室。有一些蛋白质面对的就是这种弱选择，所以出现一些突变也不会被淘汰。而到木村那里，却变成了中性选择。

另一个问题，也就是木村指出的每两年左右基因组就会有一次突变的情况。反对者也提出了不同看法，那只是木村的假设，即每个基因都单独接受自然选择的压力，才会出现这样的结果。而事实上，在生物体内，有很多基因会联起手来共同接受自然的选择。这样一来，分子的实际进化速率就没有木村说的那么高。

关于分子钟，反对者也提出了怀疑。根据实验得出的数据，蛋白质的分子钟并不像木村预言的那样以代为单位，而是以绝对时间为单位的。也就是说，无论一个物种的一代时间是长还是短，分子钟的速度都一样。这一结果与中性选择学说相违背，却符合自然选择的原则。比如，普通小鼠大约每四个月繁殖一代，而大象需要三十年才繁殖一代。它们都要接受细菌的选择。对于小鼠而言，一代时间内，它身上的细菌可以积累四个月的突变结果，不能抵抗细菌的小鼠将被淘汰。对于大象而言，三十年后，它遭遇过的细菌要比小鼠多出一百倍突变的可能。因此，细菌对大象的选择强度也要超出小鼠的一百倍。也就是说，小鼠在三十年内会接受一百次细菌的选择，大象也接受了相同强度的选择。这样一平衡，虽然小鼠和大象一代时间的长度不同，但进化的速率是相同的，这一解释完全与自然选择一致。

对于蛋白质不同区域进化速率不同，反对派则认为，那完全可以用自然选择来解释，而不需要借助中性选择学说。蛋白质非活性区域的突变并非毫无意义，那根本不是什么中性突变，而是趋向最佳结果的一个过程。凡是背离最佳结果的突变根本得不到有效保存，当然现在也就检测不出来。

木村提出中性选择学说的基础是蛋白质序列，随着分子生物学的迅速发展，很多物种基因的DNA序列被测定了出来，就可以在DNA水平来进一步验证双方理论的正确性。这场争论的战场就这样悄悄发生了转移，不过内容发生了一些小小的变化。

首先，如果以DNA为分子钟，却是以代为单位的，这与蛋白质为分子钟不同。也就是说，一代时间较长的物种，DNA分子钟就比较慢，与蛋白质分子钟不同步。

DNA序列与蛋白质序列还有一个重要的不同，所有的蛋白质序列基本都是有用的，只不过是对活性的影响大小不同而已。DNA则不然，其中存在大量不编码蛋白质的序列，内含分子和假基因就是这样一种序列，曾一度被生物界称为垃圾基因。现在已认为这些基因也都有各自的功能，只不过不表现在蛋白质方面罢了。

既然不是所有的DNA序列都会被翻译为蛋白质序列，那么，就算有一些DNA序列发生了突变，也不会影响到正常的蛋白质序列。所以，不编码蛋白质的DNA不妨多突变一些，因为并不会产生致命的影响。事实也是如此，非编码区的DNA序列有丰富的多态性，也就是说这个序列也行，那个序列也好，大家都能混得下去。但那些编码蛋白质的DNA序列就不能随便乱变了，搞不好把蛋白质序列编错了，就会影响到正常的生理活动。实验表明，蛋白质编码区的DNA序列非常保守，变化不是没有，但很少，而且基本不影响翻译后的蛋白质功能。

这样一来，似乎两种理论都有道理，即在非编码区的DNA序列接受中性选择，而编码区的DNA序列接受自然选择。

但在基因水平上有更多的研究支持中性选择学说。基因突变中有一种同义突变，就是典型的中性突变。同义突变涉及基因的遗传密码属性，基因中的三个碱基可以决定一个氨基酸，这就是所谓的密码子。但一个氨基酸并不是只有一个密码子，有好几个密码子都可以翻译出相同的氨基酸来，比如UUU这个三联密码对应的是苯丙氨酸，但UUC也可以翻译成苯丙氨酸。特别是三个碱基中的最后一位，变化的灵活性相当高。同义突变是典型的木村所说的不好也不坏的突变，当然就是中性突变。

　　就算有些基因变化大了点儿，彻底把某个位点的氨基酸替换掉了，却有可能这个氨基酸只是起到一种支架作用，对活性并没有什么影响。蛋白质的氨基酸序列虽然重要，不过对支架氨基酸并没有什么特别的要求。它们就好比是一块砖头，谁都可以在那里垫着。这也就是前面提到的不重要区域，这种突变仍然对蛋白质的功能没有明显影响。甚至，现在还有可能在实验室里对这些部位进行定点突变，以期能把蛋白质的活性部分更好地呈现出来，从整体上提高蛋白质的功能。

　　大家熟悉的血红蛋白是个很好的例子，不同物种体内的血红蛋白氨基酸序列也不同，但都把工作完成得很好，完全符合中性突变理论。当然，也有变坏了的，比如镰刀形红细胞贫血病就是因为血红蛋白上的一个氨基酸发生了改变，继而造成输血能力降低。

　　血红蛋白是重要的考察对象，因为其运输氧气和排出二氧化碳的功能对所有动物来说都相当重要，甚至在细菌和植物体内都有它的身影，是一种不可或缺的蛋白质。人体内的血红蛋白是一个设计精妙的分子。每个血红蛋白由四个亚基组成，分别是两个 α 亚基和两个 β 亚基。每个亚基就是一条多肽，每条多肽里面都包裹着一个含铁的血红素，血液的颜色就是由血红素决定的。鲤鱼、马和人的血红蛋白 α 亚基都是由141个氨基酸组成的，但氨基酸的种类有很大变化：鲤鱼和马只有75个氨基酸是相同的，其他66个氨基酸已经完全变化了。而人与马之间有123个氨基酸是相同的，只有18个不同。这意味着，人与马的亲缘关系比较近，而马与鲤鱼就相对远些。

重要的是，这些变化了的氨基酸都没有影响血红蛋白的正常功能，所以都应该属于中性突变，符合中性选择学说。

但有的位置非常重要，不能随便变化，否则后果很严重。镰刀形红细胞贫血病就是因为 β 亚基第六位氨基酸上的谷氨酸被缬氨酸取代造成的，纯合的红细胞会因这一个氨基酸的变化而变得像把镰刀，运输氧气的能力大受影响，患者不到成年就会死亡，这种突变不受自然选择的喜爱。

但也有例外，当血红蛋白基因只突变一条，对应的另一条基因正常时，这就叫杂合子，这样形成的红细胞具有意想不到的好处，可以抵抗疟原虫的侵袭，从而对疟疾有很强的免疫力。这在疟疾横行的非洲丛林显得尤其有效。正常人可能被疟疾迫害致死，突变了的个体反而得以活命。这又是自然选择的结果，而不是中性选择。

也就是说，在分子水平上，自然选择与中性选择可以并存，而且中性突变占据多数，但也不是那么绝对，有时无害的中性突变在特定情况下也会遭到自然选择的打击。比如，有一种同工酶，也就是执行相同功能的酶，发生了一个突变，一种酶在33℃时失活，另一种酶则在44℃时失活。当环境温度在33℃以下时，两种酶都可以很好地完成各自的工作，这是典型的中性突变，所以自然选择不起作用。但是，当环境温度发生改变，达到了33℃以上但仍在44℃以下时，适应低温的同工酶将失去作用，自然选择发挥了作用，这时就不再是中性选择了。

很多动物都能自行合成维生素C，而人体不能，这是一次突变造成的。好在这一突变并没有给人类带来什么危害，因为在日常生活中，人们会食用大量蔬菜和水果，可以得到足够的维生素C，所以，这一突变是中性突变。但是，在特殊情况下，比如航海远行或受到严重监禁时，无法补充足量的维生素C，就会得坏血症。那是一种很严重的疾病，处理不好有可能丧命。所以维生素C又有一个名字，叫抗坏血酸。

正是基于如此复杂的情况，所以中性选择不可能取代自然选择，木村似乎对此也心知肚明。1969年，也就是木村提出中性选择学说的第二年，有两位美国学者对此做出了积极反应，他们发表了一篇"非达尔文进化"的文章。但木村对此表示了不同意见，他强调，提出中性选择学说并不表明将因此否定自然选择，只是强调分子水平上多数突变是中性的，但并没有说全部突变都是中性的。生物的表型，诸如形态、行为和生态习性等，仍然是在自然选择之下进化的。所以，中性选择学说只是在分子生物学领域对达尔文理论的补充和发展。

由此可见，木村本人并无意推翻自然选择进化论。

事实情况却很严重，有时连木村对自己说过的话都有点儿动摇，他还曾说过这样的话："如果分子水平的中性突变是正确的，那么表型水平肯定也有中性变化。说达尔文的自然选择学说百分之百正确，也许不切合实际。"他还举例说："有的人鼻子高，有的人鼻子低，这些性状对于生存来说，究竟有多大影响呢，不都是活得好好的吗？"类似的例子还有人的指纹，所有人的指纹都不相同，但这种差异无疑也没有任何选择意义。木村认为这样的差异对生存既不好也不坏，不会带来什么生存优势，也不致影响生活质量。

如此说来，他不但否定了自然选择在分子水平上的威力，对表型水平的作用也是有所怀疑的。用这种眼光来考察表型，可以找出无数种中性性状，比如脚趾的长短粗细、眼睛的大小形状等，所以中性选择甚至大于自然选择。

但用中性选择学说又很难解释表型进化，人与黑猩猩分开只有三百万年左右，可是谁都能看得出来，人和黑猩猩之间看起来有多大的差别。不过，这两者之间的基因约有99%完全相同，正是那不足1%的基因差异造成了人与黑猩猩的不同。如果分子水平的突变可有可无，那么，这些差别又从何而来？

目前为止，对中性选择学说有三种类型的评价。

第一种观点认为，中性学说确实对达尔文进化论提出了挑战，指出了在分子水平自然选择理论难以解释的现象，并否定了自然选择对进化的重要作用。中性突变才是进化的主要动力，而自然选择只是起到一种被动的和消极的筛选作用而已。

第二种观点认为，中性选择学说有一定的依据，但并不构成对达尔文的否定，相反，只是对达尔文主义的丰富和补充。并且，有很多性状并不能算是真正的中性，就指纹的例子而言，虽然所有人的指纹都不相同，但指纹形状并不是中性性状，因为指纹的作用是增大摩擦力，不同形状的指纹都能达到这一效果，其功能并没有发生突变。如果某个人的指纹发生了突变，变得没有摩擦力，却仍然存活了下来，那才是真正意义上的中性突变。但那样的突变并不存在，到目前为止，所有人都有指纹，这正是自然选择强大威力的证据。

第三种观点则对中性选择学说持有彻底的怀疑态度，因为在基因水平上的所谓中性突变是否为真正的中性，在实验中很难加以确定。极有可能，那些我们看起来是中性的突变，实际上是有其确定的生物学效应的，只不过在现有的实验技术条件下，无法对其加以定量检测罢了。这其实是华莱士早年表达过的观点：如果我们难以理解某些生物性状的适应性意义，是因为我们的知识还无法认识到这一点。

看来，中性选择与自然选择的关系问题，在很长时间内仍将是各说各理的事情。只不过另一场危机的到来，暂时让人们忘记了中性选择的影响，那就是社会生物学在进化论内部制造的巨大分裂。

第 **16** 章

社会生物学的矛盾

包括我们在内的一切物种，都不具有超越其基因所创造的种种规则之外的目的。

——威尔逊

威尔逊少年时盲了一只眼睛，听力也有问题，为了避开身体缺陷的影响，他决定重点研究自小就喜欢玩的蚂蚁——蚂蚁不会像鸟类那样飞得又高又远，只用一只眼睛就可以看得清楚，而且蚂蚁不会叫，不需要用耳朵去听，只需要耐心地观察与分析。更重要的是，蚂蚁是一种社会性昆虫，某些行为与人类的社会行为非常相似，对威尔逊而言，这是研究蚂蚁的真正意义所在。

　　对蚂蚁数十年如一日的研究，使威尔逊取得了辉煌的成就，成为一位世界级的博物学家。他大力宣扬"生物多样性"的概念，是"社会生物学"的奠基人，还是美国总统的长期政策顾问。1996年，他被《时代》杂志评为二十五位最具影响力的美国人之一。他还是一位伟大的作家，他的《生命的未来》和《生命的多样性》等著作，是科学与文学结合的典范。而《论人的天性》和《蚂蚁》分别获得普利策奖，这不是科学奖项，而是报道性文学的最高奖。此外，他还写过小说，尽管写得不怎么好。当然，他也没打算以写小说为生，不然进化论领域将少了一位大师级的人物。

　　身体残疾并不是威尔逊需要克服的最大障碍，他到哈佛大学工作时恰巧是DNA双螺旋的发现者之一沃森在哈佛最辉煌的时期。沃森才气冲天，眼高过顶，本来就不打算和别人友好相处，年少成名让他锋芒毕露，毕竟他开辟了整个分子生物学时代。以沃森为领袖的分子生物学家独霸天下，甚至公开扬言说只有一种生物学，那就是分子生物学。这帮科学新锐对威尔逊那样的博物学家非常不尊重，常以不屑的口吻宣称：让集邮者回到博物馆去吧！在他们眼里，博物学家的工作只不过是类似集邮者在收集无用的动植物标本而已。

　　为了争夺研究资源和资金，各领域的专家掀起了一场"分子大战"，这是前浪与后浪的较量，分子生物学家抢尽风头，威尔逊所在的整体生物学成了将要被遗忘的科学。

　　博物学家们当然不甘心失败，他们也有理由看不起那些连基本的动物名称都叫不出来的试管操作者。威尔逊后来把自传定名为《博物学家》，以此向分子生物学示威。中文译名改为《大自然的猎人》，已失去了原有的挑战意味。

　　威尔逊在1975年出版了轰动一时的进化论著作《社会生物学：新的综合》，这不是一本普通意义上的科学作品，而是一本建立在蚂蚁等社会性昆虫研究的基础上、最终涉及人类行为的进化论作品。他把动物的社会性行为外推到人类社会，也就是说，把研究蚂蚁和黑猩猩的结果应用于人类社会，并探讨人类行为的起源与进化。从"新的综合"可以看出威尔逊的雄心，他要用社会生物学取代赫胥黎的综合进化论。

　　在出版之前，这本书就受到《科学》杂志的跟踪报道。书刚一面市，就登上了《纽约时报》的头版，自此开创了一个新的研究领域。有人把社会生物学的开创称为继达尔文之后最重要的理论创新。

该书共二十七章，英文出版时有七百多页，引用参考文献近三千条，是一本大部头著作。全书叙述博杂，充满了科学的细节和思想的光辉，主要内容是关于动物的身体结构、社会等级和交流方式，以及生理方面的适应现象，这部分内容占了全书的95%以上，在学术界基本没有引起不同意见。1989年，国际动物行为学会推选《社会生物学：新的综合》一书为有史以来最重要的动物行为学专著，其成就超过了达尔文的同类作品。诺贝尔经济学奖得主萨缪尔森对威尔逊的研究方法赞赏有加。毫无疑问，威尔逊取得了空前的成功。但随之而来的，是巨大的质疑。这与余下的5%的内容有关，同时也与对遗传学的理解有关。

遗传学自诞生之日起，人们就有一种疑问：生物的部分性状是受遗传控制的，比如一个人长得是高是矮，鼻子是大是小，眼睛是正是斜，等等。但是，人类的行为也受基因控制吗？你喜欢打牌，我喜欢下棋，另一个人却喜欢读书，这些行为差别也是基因决定的吗？

之前的答案很简单，甚至分子遗传学的权威都断言：动物的行为如此复杂，怎么可能是受基因控制的！

然而事情并没有那么简单。

1936年，奥地利有一位动物行为学家洛伦兹，他偶尔发现了一件有趣的事情。洛伦兹让一只家鹅孵育雁鹅蛋，有一天他正在仔细观察孵化结果，正巧刚孵出壳的小雁鹅从家鹅身下钻了出来，看见洛伦兹就张口叫了一声，他想也没想就回应了一声，不料这一声回应后，小雁鹅就整天跟着他——它把第一个回应它叫声的洛伦兹当作了妈妈。

后来证明，这种做法不是雁鹅所特有的，很多动物在刚出生的特定时间内，都存在这一现象，即所谓铭印现象。这是一种典型的受基因控制的动物行为。

进一步的研究发现了大量受到基因控制的动物行为，这些行为可以遗传，就像羽毛的颜色之类的特征一样，甚至可以作为动物分类的依据。比如家狗可以兴高采烈地摇动着尾巴讨好主人，而狼就很难做出这种举动，它只会死死地把尾巴夹在后腿之间以保护易受攻击的生殖器。

从洛伦兹以后，研究动物的行为就可以像研究动物的身体结构一样，成为一门内容明确的科学。洛伦兹也因此获得了1973年的诺贝尔生理学或医学奖，一只家鹅为他孵出了一枚金蛋。

英国遗传学家贝特曼于1948年做了一个重要实验，进一步揭示了动物行为与自然选择之间的关联。他把五只雄果蝇和五只雌果蝇放到一起，让它们随意交配，结果表明，雌性果蝇无论和几只雄性交配，都会得到相同数量的后代。雄性则不然，它们交配的对象越多，所得后代也就越多。换句话说，雌性没有滥交的必要，因为忙到头来的结果是相同的。雄性则相反，它们倾向于无节制的交配，那样会得到更多的回报。

为此，贝特曼得出了一个让保守者听起来非常不舒服的结论：雄性具有不分对象的冲动欲望，而雌性具有天生的顺从行为。

威廉斯在《适应与自然选择》一书中进一步发挥了雄性滥交

倾向的话题：对雄性来说，交配意味着极少的体力支出和片刻的欢愉，而雌性明显地要为交配的后果负起更多的责任。这种不平等现象决定了雌雄性行为的显著不同，雄性有很强的交配欲望，而雌性更为克制和谨慎。这是自然选择决定了的，而不是个体品行决定的。这就好比是做投资生意，投入资产越多的一方将不得不谨慎一点儿，而雌性在这场生意中明显比雄性付出得多。

这类观点使女性很不舒服，很多女性研究人员拍案而起，准备奋起反击，现在已有相反的研究足以让女权主义者开心了。美国心理学博士布朗说，他们考察了当前人类有关性行为和生育的数据，比较其中男性和女性的差异。放开特殊人群不谈，在一夫一妻制社会中，男性生育数量和女性生育数量很相似。动物性行为在人类身上已悄悄发生了改变，这是重要的改变，否则就不可能进化成人。

这一说法顺便解决了生物学家的一个困惑：在文明社会，女人注重外表的程度超过了男性，她们浓妆艳抹，打扮得花枝招展、艳丽迷人。根据性选择理论，应该是男人打扮得鲜艳亮丽、光彩照人才对，而女人应该如母鸡一样，灰扑扑的就得了。因为母鸡有选择公鸡的权利，而不是被公鸡选择，所以不需要靠外表来吸引谁。人类的女性每月只产一枚卵子，难道也需要靠外表来吸引男性吗？这里出了什么逻辑问题？

问题出在文明的进化，现代男性对子女的投入已不比女性少多少了，特别是在一夫一妻社会，男性把自己的基因传下去的主要途径只能是自己的孩子，因此，他们必须养活自己的孩子。所以文明社会的男人们不得不收起他们内心深处的冲动，转而对家庭投入更多的精力。特别是在物质繁荣的社会，女性的任务不只是生孩子，她们还得为日后更好的家庭生活而奋斗，找一个合适的男人无疑是最方便的途径。如果精心打扮一番就可以获得更好的效果，何乐而不为呢？

不过相关研究终究还是令人感觉不快，如果这些实验和理论探讨只是在果蝇和蚂蚁之类的动物身上讨论一下也就罢了，可是威尔逊要把从动物那里得出的结论运用于人类，那就是他在《社会生物学：新的综合》余下的5%的内容中所表达的思想，所以立即遭到了强烈的指责。

《社会生物学：新的综合》的最后一章是《人类：从社会生物学到社会学》，专门讨论了人类的某些行为，并把相互协作、日常交往、文化、艺术、宗教、伦理及审美等几乎所有人类社会现象都拿来从生物学的角度加以分析和解释，最后明确提出：社会生物学揭示的原理不仅仅适用于动物，同样也适用于人类，并可以解决包括经济学、社会学、哲学、伦理学和文化等方面的所有问题。人类的行为在很大程度上就像其他动物的社会行为一样，是由基因决定的，是自然选择的结果。

达尔文证明了人和动物在肉体上是连续的，威尔逊的社会生物学则要证明，人与动物在行为上也是连续的。威尔逊毫不含糊地总结道："针对动物甚至包括人类的利他主义行为，根本的解释机制就在于基因与自然选择的相互作用。"正是这句话，大大地触犯了人类的自尊心。因为这句话看似平凡，背后却包含着复杂的内涵——明确坚持人类的基因决定了人类的本性。这是很危险的理论，它将基因与人的行为和心理活动等对应了起来。

这其实就是所谓的基因决定论。

　　一个人的长相是英俊还是普通，在某种程度上受到了基因的控制，这一点科学家们已达成了共识，大众也容易理解和接受。但是，若说一个人是儒雅还是粗鲁，是好学还是懒散，将要成为一个物理学家还是文学家，诸如此类都受到了基因的控制，换句话说，一个人以后如何发展，成为什么样的人，早在受精卵刚一形成时就被决定了，这就有点儿让人难以理解了。

　　"命中注定"这四个字，似乎是社会生物学的最通俗声明。

　　可怕的是由此得出的推理：既然基因决定一切，那么，人类种族之间的文化差异也是基因决定的，白种人优于有色人种的观点就此有了科学基础。既然如此，希特勒的大屠杀就完全有可能再来一次。

　　想当年，达尔文提出人是由动物进化而来的曾引起了多大的反响，就完全可以理解威尔逊将要面临的指责。一如自然选择理论刚刚诞生时遭遇的争论一样，在西方，特别是在美国，社会生物学刚出现就引起了巨大争论，除了得到部分学者的支持以外，很多著名学者都投入到了批评者的行列中。反对者把社会生物学看成和早期的社会达尔文主义及优生学一样，是一脉相承的"坏科学"，是社会达尔文主义的新变种，其目的是为不平等的社会现状提供所谓的科学依据。好的科学应具有客观性，并且不带有个人政治立场和社会偏见，为了某种利益的科学不是好科学。而社会生物学明显隐含着一种阴险的政治目的，即试图让民众相信，社会中的所有现象，包括不公平，都是由基因决定的，因此也是无法改变的，政府对此无能为力。

　　在人权活动家看来，威尔逊是一个赤裸裸的种族主义者、社会达尔文主义者；在女权解放主义者看来，威尔逊则是性别歧视的支持者；在宗教界人士眼里，他又变成了一个异端邪说的倡导者。哲学界评论说，威尔逊的错误在于不该从科学知识中推导出社会的价值，那本来是两码事，现在威尔逊把它们混在了一起。

古尔德是社会生物学的坚决反对者之一，他与"科学为人民"组织的同志们相信，该书宣扬了生物决定论。为此，他们向民众写了一封公开信，对生物决定论给予猛烈抨击，严厉指责威尔逊的工作不仅缺乏足够的实验证据支持，同时还具有政治上的危险性。无论威尔逊个人意愿如何，这一研究极有可能为维持某些阶级、某些种族和某一性别的现有特权而提供基因层次的辩解。某些阶级，当然就是以富人为代表的资产阶级；某些种族，则主要是白种人；而某一性别，明显就是男性了。古尔德认为威尔逊是在为阶级压迫、种族歧视和性别歧视提供科学依据。

古尔德旗帜鲜明地指出，科学是解放的工具，而不是压迫的工具。科学不只是要认识世界，而且应该将世界改造得更美好，使地球更和谐。

"科学为人民"组织不否认人类行为有遗传的成分，但这种生物普遍性只体现在吃饭、排泄和睡眠等普遍活动中。而在高级行为中，比如战争、对女人的态度、对自由的追求和经济活动等，则不宜一律以基因决定加以解释。

社会生物学的激烈批评者、著名遗传学家列万廷是杜布赞斯基的学生，也是"科学为人民"组织的成员，曾经为了抗议越南战争而放弃美国科学院院士头衔。他本是威尔逊的好朋友，是经过威尔逊的介绍才来到哈佛大学的。两人在同一层楼里工作，都是各自领域的佼佼者，后来因为社会生物学话题而反目成仇，在电梯里相见都互不说话。列万廷毫不客气地指责威尔逊是一个空想家，在向普通读者介绍动物行为和人类行为时使用了一些诡计和策略，他在书中没有说明哪些是事实，哪些是思辨。这对于科学研究而言，是一种严重的错误，社会生物学自然也算不上是严格意义上的科学。

列万廷的态度是，人的生物性不足以解释人的社会性。在等级社会里，必然存在机会不平等及人才浪费现象，科学的研究应该使这些损失及个人的不幸最小化，从而提高个人对变化了的环境的适应能力，对弱者有所帮助。如果只是告诉他们一切都是由基因决定的，则明显是不负责任的态度。所以，列万廷专门写了一本书，名为《不在我们的基因中》，用以一一反驳威尔逊的观点。

人类学家萨哈林的批评更为直接，他提出了一个最为简单同时也是最为激烈的问题，而且极具讽刺意味。萨哈林认为，社会生物学揭示的，其实都是一些生活中的常识，比如男人更有攻击性和喜欢拈花惹草，而女人相对温顺与羞怯，这都是人所共知的事情。社会生物学却把这些东西拿出来当成科学到处宣扬，并且弄一大堆理论来加以论证和研究，纯属多此一举。为此萨哈林专门写下一本《生物学的使用和滥用》来驳斥威尔逊的理论，把社会生物学贬为神秘的废话，是伪科学。

社会生物学的支持者则对此类批评嗤之以鼻，他们回击说，常识不一定就是科学，只有经过系统的科学研究的常识才可以被当作科学。科学的标准是是否正确，而不是是否常见。社会生物学确实揭示了常识下面掩藏的规律性，这种知识是可验证的，同时具有预见性，当然就是科学。

另外，还有人从作品的结构入手批评威尔逊别有用心。《社会生物学：新的综合》中间的二十五章全是关于动物行为研究的严谨内容，而第一章和最后一章却涉及人类社会行为的大量思辨性结果。这种安排明显是故意的，目的是误导普通读者，使他们因为相信科学家的权威而一并相信社会生物学的原则。这种投机的做法与科学家应有的真诚与严谨形象不相符合。

威尔逊对此亦有自辩之词。他虽然身为美国政府的科学顾问，但极力否认自己的研究出于任何政治目的。威尔逊曾委屈地说，自己在该书出版时基本是个政治白痴，对意识形态一点儿都不感兴趣。他与道金斯等人都重申了这样的科学原则，即科学是客观知识，只要具有可检验性即可，与政治及意识形态无关。所以，纯粹的科学研究不应该顾虑是否存在某种政治上的危险性。

威尔逊还认为，真正的科学有权自由地追求知识，并且可以创造人们所需要的知识，有助于更好地认识问题和解决问题。在这方面，社会生物学研究没有错误，也不应该停止。

作为古尔德的死敌，道金斯当然要支持威尔逊。他说："我们只关心什么东西是真实的，而不是有意要为什么事情提供辩护。"他还说："我们并不提倡以进化论为基础的道德观，我们讨论的只是事物如何进化，而不是讲人类应该怎么做才符合道德规范和准则。我们不希望人们误解我们的研究。"道金斯说的"我们"，显然是指他和威尔逊等人，他把自己和威尔逊紧紧地绑在了同一个阵营。

古尔德和列万廷则针锋相对地反击说："科学必然包含政治和意识形态，回避这一点是在自欺欺人。社会生物学虽说不是为了政治辩护而研究，但事实上确实提供了政治辩护。"

著名人类学家蒙塔古也反驳了威尔逊的这一说法。他指出，所谓"客观"与"冷静"是不可能达到的境界，是人为的标准。科学家也是人，是必然带有某种情感和偏见的动物。比如现代生物学界分为两大派，一派相对保守，相信基因的力量对人的影响大于环境的力量；思想比较自由的人则倾向于环境的力量超过基因的力量。每个人都会身陷这两派之中不可自拔。威尔逊就明显地过于相信基因的力量，虽然他不承认有偏见，那只是他没有意识到这一点罢了。蒙塔古还说，试图将社会科学纳入自然科学中去的做法和想法都是不现实的，是本末倒置。教育的作用在很多方面大于遗传，这是生物学家认识不到的一面。

法国学者费伊为了全面反驳威尔逊的理论，专门写了一本小册子，并于1986年由法国大学出版社出版。费伊在书中明确指责"社会生物学"是一个模糊的概念，是一个空洞的口号。

批评如潮水般涌来，文风又如此辛辣，以至于威尔逊有点儿招架不住了。他自问道："我在社会生物学这个主题中扯上人类行为，是否犯了致命的错误？"他甚至担心自己会被当成一个差劲的科学家，以及社会上人人喊打的过街老鼠。他曾用复杂的心情回忆说："我在写《社会生物学：新的综合》的时候，或许写到黑猩猩时就应该结束，许多生物学家都希望我真的那么做。好几位评论者甚至说，如果我没有添上有关人类的章节，《社会生物学：新的综合》将会是一部伟大的著作。"

好在威尔逊的一些支持者也做出了强硬的回应，他们回击说，反对者多数都受到了过多马克思主义思潮的影响，所以对其他科学家也妄加猜测，以为别人的研究也都带有强烈的政治色彩。连威尔逊本人都指出，反对者的很多批评都是基于捍卫马克思主义哲学的目的。

看来，声明科学应远离政治的威尔逊其实具有很强的政治洞察力。因为古尔德和列万廷等著名科学家当时确实具有社会主义倾向。

尽管社会生物学研究者一再强调不为政治服务，但其谈论的主题已被另一些人毫无顾忌地拿出来当作科学依据了。美国媒体上出现了大量由个人或团体创作的文章，提出很多激进的有争议的观点，比如为"男性统治现象"提出强力辩护，提倡"有优越基因的人应该成为社会的领袖"。"男性至上主义"则强调"男性的支配欲望是出于天生的攻击性"。这些道貌岸然的理论无不以社会生物学作为科学后盾，不断提及人的"本性"和"决定"之类的字眼。这已引起了社会生物学批判者的极大忧虑。

正是在这种滚滚思潮的推动下，社会生物学正在不断远离学术本身，成为意识形态之争的有力武器。或许威尔逊本不愿看到这一点，但此时他已无能为力了。

面对形形色色的批评、误解或是有目的的利用，威尔逊也不得不承认：确实存在用社会生物学来为社会现实辩护的危险，这么做就是坏的生物学，和所有坏的生物学一样，它将会带来灾难。

经过这些批评之后，威尔逊感觉到自己在人文科学方面的缺乏，因此痛下决心埋头苦读社会学著作，以期用另一种角度进一步分析人类的天性。1977年，他出版了《论人的天性》，其实就是他的读书心得，同时也等于在向社会表明心迹，他无意于将人类等同于动物，因为他可以在人类身上发现许多独特的品质，而许多品质是其他动物所缺少的。

但媒体对他的批评并没有减少，大众对他仍有误解。就在同一年，他在科学进步联合会演讲时，游行人群举着带有纳粹标志的牌子堵在门口向他示威。第二年，在华盛顿召开的一次美国科学促进会年度会议上，正在准备发表演讲的威尔逊遭到了反种族主义示威者的冲击。有一位年轻妇女把一罐冰水倒在了他头上，其他示威者则齐声高喊："威尔逊，你湿透了！"这句美国俚语的本意是："你非常不受欢迎！"威尔逊后来不失风度地把这次事件称为"冰水事件"。

重击之下，威尔逊的雄心并没有停止。他在《知识的整合》一书中，仍然提出要把人文科学和自然科学加以整合，因为这两类科学都在追问同一个主题，那就是人类从何而来，又要向何方而去。在这一点上，人文和自然是完全相通的。如果自然科学是河的一岸，人文科学是河的另一岸，那么社会生物学就是这条河上的一座桥。威尔逊就是要构建这座桥的人。虽然有人对他要建的这座桥非常不满，甚至想要拆掉。

把各种科学统一起来，是每一个雄心勃勃的智者的最终目标。著名物理学家普朗克曾说过，科学本身是一个内部统一的整体，我们把科学分为独立的部分，那并不是自然的本质，而是由于人类的认识能力不够造成的。实际上，从物理学和化学开始，经过生物学和人类学的发展，再到各种社会科学，都应该是连成一体的。所以，把人文科学和自然科学统一起来并不是天方夜谭。

不过对于威尔逊来说，虽然勇气可嘉，但这一雄心显得过于超前了，起码到目前为止，还看不到把人文和自然科学统一起来的希望——自然科学界对人文科学抱着不屑的态度，而人文科学界宣称自然科学不过是人文科学的一部分。在这种情况下，科学统一的梦想还需要时间的酝酿。

教育学家们则关心社会生物学引出的另一个话题，那就是自由意志是否存在，以及引人向善的教育是不是还有必要。

所谓自由意志，通俗而言，就是想作恶就作恶，想行善就行善，做出不受外力强迫的意愿的行为。在某种意义上说，自由意志就是道德，是发自内心深处的一种呼唤。但如果行为受基因控制的话，那么，还存在所谓自由意志吗？

达尔文早就思考过这个问题，他曾经在笔记中写道："自由意志就是进化带给我们的一种幻觉。"也就是说，达尔文根本不相信存在自由意志。现代进化论则把这种幻觉看成是具有适应性的自我欺骗，人类可以从中寻找到心理上的安慰，并帮助人们更好地生存。阿Q就是把这种幻觉运用得极为成功的典范。

这是一个可怕的判断。如果否认自由意志，那么人间的许多价值观念，包括法律条文，都必须重新加以审视。而且，如果没有自由意志，那么面对众多的机会，个体有没有可能做出随意的选择？

社会生物学做出的回答是：没有选择的自由，一切选择，皆有出处。甚至一个人所处的环境，也都是由自己造成的。当一个人面对红酒、白酒和啤酒时，他似乎可以自由选择，但事实上，他的选择是有倾向性的。这与他当时激素的分泌情况、体内乙醇酶的水平等综合因素密切相关，甚至受到口袋里的钱包的直接影响。从来就没有无缘无故的选择。

这种说法当然与普通人的印象不一致。很多人觉得生活中存在大量的随机选择机会，似乎有着大量选择的余地，也有着自由发挥的空间，怎么会不存在自由意志呢？这极有可能是一种假象。稍做思考，每个人都会发现，这世界虽然无穷大，但自己的选择余地并不多，有的人甚至要面对死路一条。

由此产生的问题更为敏感，如果人类的行为早已注定，而且没有多少选择的余地，那么教育还有效果吗？累死累活地上学求知，意义何在？政治宣传、宗教布道，文学和艺术大力弘扬的爱与正义，有责任感的人士一直在追求的良性社会秩序，难道都是在白费力气？

有些人认为，当然是白费力气，否则还谈什么基因决定论。

教育只是代表了一种利益，也就是群体利益，并非个体利益。教育的目的就是要把群体利益强加在个体利益之上。教育的过程与手段，与追求自由意志的教育原则是一对永远的矛盾。因为教育在表面上一再大声宣扬要发展个人自由意志，其实却是对自由意志的有步骤剥夺。

听起来很讽刺吧？

这也进一步引出了后续的话题。在社会管理中，道德说教的作用永远不如制度建设有效。道德是一种劝导，而制度是一种震慑。劝导可听可不听，人们往往选择不听。而震慑不需要考虑个人意愿，那是必须服从的铁的规则，否则就会遭到处罚，死刑是其中最严厉的手段。法律正在用某种形式代替自然选择的力量，从而强力塑造理想的社会形态。在这种社会形态中，每个人都必须收敛起自己最原始的欲望，代之以另一种外衣，我们称之为文明。

如果人人生来如此，天性难移，教育的效果甚微，道德也只是胡扯，是不是这个社会对个体行为就束手无策了？

当然不是，对于个体而言，社会就是环境，就是自然。现代文明社会之所以走到现在，自有其内在的科学基础。每个人的基因都有对外界环境做出反应的能力。外界环境不同，个体做出的反应也不同。在一个文明的环境里，就不得不有更多文明的举止。如果生于野蛮社会，当然也就要学会野蛮的做法，否则将会遭到社会的淘汰。

我们还有文化这个东西，文化是人类理性的产物，可以制约人类自私的冲动。人类就这样在文化的制约和本能的冲动中来回摆动，并不断向前发展。一个典型的例子是，自从艾滋病被证明与同性恋密切相关以来，那些同性恋者明显地改变了自己的行为习惯。人类有意识的行动将在一定程度上降低进化的速度。

所以，改变社会环境与文化，要比改变人的个性有效得多。而改变社会环境最有效的手段，如上所述，仍然是制度建设。如有不遵守社会制度的个体存在，就把他们关起来，或者干脆枪毙！

一切就这么简单。

这就是人们对社会生物学担心的地方，否定自由意志可能会带来无穷的麻烦，而这种麻烦可能会威胁到第一个人的安全。现在的主流观点是，承认有限的自由意志，个人行为应该是基因与文化相互作用的结果，我们不是完全自由，但也不是完全没有自由。

对社会生物学在政治和教育方面的担忧只是问题的一个方面。这一学说还引发了两种科学观念的对抗，即还原主义和整体主义的对抗。

还原主义认为，对任何事物的理解，都可以在更低的层次上进行。当把一件事物分解成更小的单位以后，了解各个小单位的性质和其间的相互作用，就可以了解整体的性质。所以，对生命现象的理解也应在更低的层次上进行，最后一直将生命分解为物理和化学的反应，只不过这种物理和化学反应需要经过自然选择的淘汰。

社会生物学坚持的是正统的还原主义，认为人类的所有行为，包括文学、艺术、哲学、科技等貌似高深的东西，都可以还原到生物学原理中去理解和分析。威尔逊和道金斯等人都是还原论的支持者，他们相信社会现象可以用生物现象来解释，而生物现象又可以用基因功能来表述，这就是生物决定论，或称基因决定论的心理根源。

整体主义者则倾向于从整体水平上理解事物的本质，因为整体大于部分之和，各个小的部分有机结合在一起形成一个整体时，将会出现新的性质。比如众多的细胞结合在一起形成一个人时，就有了很多单个细胞所没有的能力。机械世界同样如此，单个的零件是没有意义的，但组合在一起就可能变成一架翱翔于蓝天的飞机。

古尔德就是整体主义者，他坚信生物并不是基因的堆积物。生物的各个部分以复杂的方式相互作用，是基因协调作用的结果。这种作用受环境的影响，并转化成看不见和看得见的部分。所以，只从基因水平上理解生物是不全面的。他很自信地对读者说："我对于整体的直觉可能是一种生物学的真理。"

元老级人物迈尔也指出，还原主义并不完善，高层次会出现新的不能被低层次预测的特征。因此，对复杂系统的研究必须在每个层次上进行。

然而在还原论和整体论的较量中，特别是在分子生物学大行其道的年代，还原论者一次次地宣称他们取得了胜利。这种情况可能还会持续相当一段时间，直到对低层次的如基因水平的研究已经非常完备的时候，还原论者或许会发现，有很多现象在基因水平得不到应有的解释，那时整体论必定会卷土重来。

1999年12月，威尔逊在《社会生物学：新的综合》再版时，还写下了一篇《世纪之交的社会生物学》，对还原论问题做出了新的解释。他拒绝承认《社会生物学：新的综合》中采用了严格的还原论，其实应该是相互作用论。威尔逊表示他自己很重视整体论，并且从来没有认为控制人类行为的方式和控制动物本能的方式一样，其间应该存在文化的影响。

这或许是威尔逊做出的某种退让吧。

平心而论，威尔逊并不是一个不负责任的科学家。应该承认，随着生物学的发展，特别是分子生物学的迅速进步，越来越多的基因学研究和神经生物学的证据都表明社会生物学是正确的。而且，现在的政治环境与20世纪70年代已大为不同，与社会主义有关的意识形态之争已经退潮，愤怒的批评因而少了很多。他现在受到的肯定已大大超过了否定，1999年还获得了美国人道主义者协会颁发的"人道主义奖"，这也是对社会生物学的某种认可。

面对前后两种评价的变化，威尔逊曾不无感慨地说道："有学者曾对我抱怨，如果你想论文能够通过，那么就往你的人类学里加点儿生物学吧。但是在二十年前，如果你不想让你的论文通过，就往里面加点儿生物学。"

果然是三十年河东，三十年河西。

但这并不表明社会生物学的理念就是完全正确的，以古尔德为代表的反对者对社会生物学缺乏足够的实验证据的指责仍然成立。现在比较能拿得出手的过硬的证据就是关于人类乱伦禁忌的研究。

直系亲属之间发生性关系被视为乱伦，并容易产生畸形儿。长期以来，研究者发现，无论民族和宗教信仰如何，各地人群基本都存在乱伦禁忌现象，也就是直系亲属之间不会发生性关系。这种禁忌似乎是自发的，而不是受到外界力量强迫形成的。弗洛伊德认为乱伦禁忌是一种文化现象，是道德观念抑制了家庭成员中自然产生的性欲望。这是普通人比较容易接受的一种解释。

但另一些学者不这么看，芬兰学者威斯特马克认为，乱伦禁忌并不是简单的文化现象，而是一种遗传现象，是因为熟悉而消灭了性欲望。在儿童发育的早期，母子之间、父女之间以及兄妹之间的亲密关系导致他们非常熟悉，结果性吸引力消失。这是自然选择的结果，没有乱伦禁忌的个体因为产下大批畸形后代，早已为自然所淘汰。

进一步的研究表明，生物学的解释是正确的，而文化方面的说教虽然感人，却是错误的。不只是人，所有灵长类动物都存在乱伦禁忌。所有人类社会，无论是多么落后野蛮，也都有乱伦禁忌现象。最有力的人类学证据来自以色列。

在以色列的集体农庄中，很多儿童被放在一起集体抚养，后来的结果很有趣，那些自小在同一小组里长大的孩子，彼此之间虽有深厚的感情，但互相之间没有性吸引力。在中国台湾的调查也表明，童养媳的婚姻与正常婚姻相比，离婚率更高，生育率更低。因为小时候在一起的生活破坏了性吸引力，婚姻自然没有幸福可言。反而是那些由媒妁之言撮合的陌生男女之间的婚姻质量更好一些。

如果社会生物学关于人类行为的研究想要在更广的范围内得到认可，他们还需要更多的如乱伦禁忌这样的研究成果。但现在看来，把人类行为作为直接研究对象，要面临很多难以想象的困难。一位研究男性强奸自然史的学者试图用客观的研究为社会生物学添砖加瓦，他想强调男性的强奸行为是正常的生理反应，是自然选择的结果。这一说法虽然有点儿道理，但事实上，这家伙差点儿被社会舆论的唾沫淹死。因为他触碰了人类的道德底线。

道德从何而来？社会生物学也做了尝试性回答。

人类道德与社会性昆虫的利他行为之间最大的区别在于主动性，人类是有意识地在做好事，而昆虫只是接受基因和激素的控制而已。

那么，人类为什么会产生如此复杂的道德行为和道德意识呢？可能从原始的狩猎生活开始，人类需要集体性的合作才能捕捉到更多的猎物，为此出现了大量的分工与合作，猎物也要大家商量着一起分了。投桃报李成为家常便饭，最初的道德意识就这样渐渐萌芽。不讲道德的个体慢慢会失去合作者，反而更多的是遭到以牙还牙的报复。如果不具有一流身手，就很难在困境中生存下来。所以，不讲道德的个体会被自然选择淘汰。道德社会就这样出现了。

在分工合作的过程中，有很多事务需要处理，这是一个远比吃了睡、睡了吃更为复杂的阶段。复杂的人际关系也需要更高的智力水平，毕竟没有谁只愿天天帮助别人却收不到任何回报，内心深处的小算盘还是要不断地拨打拨打。没有智力，怎能算清这笔账？人类的道德水平与智力水平是一对互相助长的平行线。

与此同时，威尔逊又反驳了这样一种看法，即认为人类已经摆脱了基因的控制，达到了完全受道德控制的程度。他的态度仍然很清晰，没有理由把人类排除在生物之外另眼相看。人类的大脑虽然强大，但那不是为了道德而存在的，而是为了更好地自私而存在的，和心脏及肝脏等一样，不过是为生存和繁殖服务的器官之一罢了。

威尔逊进一步指出，人类的精神，也是为生存和繁殖服务的，其具体的技巧则表现为理智。至于文化与道德，则是心智的产物，当然就逃不出智力所能及的范围。所以归根结底，文化也是基因的工具。文化的进化，类似于生物的进化，自有其科学规律可以探寻，并不是一种神秘现象，也不是只有社会人文科学才能加以研究的现象，社会生物学也可以进行研究。从人类的社会行为中，威尔逊提取出了"人性"的普遍特征，即两性分工、亲子关系、亲缘利他、乱伦禁忌、对陌生人持警备态度、对本部落的人有亲切感、在团体中的地位认同感、雄性统治及争夺领土的本性等，这些行为对于不同种族的人都是相同的，是完全可以用生物学原理来加以解释的现象。所以，文化现象没有超越生物规律。

尽管威尔逊的学术地位已经今非昔比，人文学者对这种解释仍然心怀不满。有哲学家指出，人类与动物的行为有相似之处，但也存在明显不同，重点表现在行为的组织性和计划性，这是其他动物所缺少的。只有人类才有基于道德因素的真正的利他行为，而动物的利他行为仅停留在表面上。生物学家眼里的利他行为和人文学者眼里的利他行为有着根本的区别。

社会学家认为，人类的行为受到社会文化环境的影响更大，如果想真正了解他们的行为，首先应该了解他们的文化环境，那是一个前提。这一点在东西方文化差别中有很好的体现，被西方认为是真诚的求爱行为，在东方可能会被视作放荡和无耻的表现。这些都无法从基因水平加以解释，只能是纯粹的文化现象。所以，社会学家相信，真正对人类行为起指导作用的是文化与道德，生物学对社会行为几乎不起什么作用。威尔逊的学说有夸张的嫌疑。

社会学家还拒绝接受社会生物学在人类行为方面做出的其他解释，声称这些解释并没有推翻社会科学此前已经确立的模式，至多只能算是众多假说中的一种而已。

威尔逊则认为，社会学家努力在社会学领域排斥自然科学，其实也是一种生物现象——对自己领地的保护，只不过上升到了文化层次而已。

有意思的是，在反复争论之后，威尔逊主动承认了道德的存在及对人类的意义。可能是为了有意识地洗脱大众对自己的误解，他在自传中谈到人类令人感动不已的英雄行为时，明确指出那是真正的美德，而不是为了博取旁人的赞赏或肯定。他写道："从为了完成任务而捐躯的士兵身上，我看到了一群勇于付出却不求报偿的人。"

看了这一段话，谁还能对威尔逊再生怨言呢！

或许这也是社会生物学现象：要想博取同情，首先得赞成普世价值观。

结语

进化论的未来

如果不按照进化思想思考问题，生物学的一切将无法理解。

——杜布赞斯基

这是我的第一部科普作品。

当年出于讲课需要，以及对普及科学精神的朴素热情，我在"天涯论坛"陆续发表了一些文章，写作手法带有浓厚的网络特色，后来这些文章被"磨铁"看中并整理出版，书名为《进化！进化？达尔文背后的战争》。出版方请北京大学刘华杰先生和清华大学刘兵先生做了腰封推荐。又有幸得到罗辑思维掌门人罗振宇先生的赞赏，并从"磨铁"手中买去版权，更名为《一本书读懂进化论》再次出版。所有这些，都让我备受鼓舞。一些读者的反馈也给了我极大的安慰，让我看到了科普写作的价值，从此我与科普写作结下了不解之缘。

2020年初，一个偶然的机会，世界图书出版有限公司北京分公司的陈俞蓓老师问我是不是有意将此书再版，当时恰好出版合同已经到期，于是我一口答应，并对原稿进行了全面修订。因为我觉得十年前的网络叙事风格已经过时，加之我对科普写作已经有了全新的认识。我将重点放在梳理科学知识和宣扬科学精神方面，并且更加注重文字细节的处理，删减了几万字的内容，同时又增加了好几万字，大致包括与歌德、莱布尼茨、圣提雷尔等人有关的内容，充实了与拉马克有关的内容，介绍了圣提雷尔与居维叶之间展开的巴黎科学院论战，可以让读者对进化论产生的时代背景有更加清晰的认识，最后又在文章结尾增加了对进化论未来的讨论，可以帮助读者全面理解进化论的前因后果。从我自己的角度来看，经过反复修改后，无论内容还是风格，这本书都已经焕然一新。至于具体效果如何，还有待读者品评。

修改作品的过程也是学习的过程，让我再次领会到了进化论的魅力。进化论构建了一片渊深的知识海洋，只要邀游其中，你就能感受到无尽的知识乐趣，领略不可思议的智慧力量。难怪欧美社会衡量一个人的科学素养主要看两方面：是不是懂一些量子力学，是不是懂一些进化论。西方科学精神的培养，很大部分得益于进化论的传播，否则他们将陷在神创论的深渊里永远无法自拔。中国文化没有受到神创论的干扰，因此缺少与神创论对决的兴趣，公众对进化论的认知并不迫切，但对于任何渴望知识的人来说，进化论都是不可错过的精神大餐。

平心而论，尽管进化论如此重要且如此迷人，但到目前为止，许多人对进化论的认知仍然停留在狭义进化论，或者说是经典进化论阶段，他们往往听说过达尔文、霍尔丹、道金斯、古尔德等进化论大师的名字，他们都是狭义进化论的代表人物。事实上，进化论早已突破了人们固有的认知，超出了生物学领域，开始呈现出一种前所未有的景观。

英国《自然》杂志自2017年起开始发行一个重要的子刊——

《生态学与进化》，主要用于发表从分子生物学直到生态学领域的重要进化论研究，范围覆盖行为学与医学等领域，标志着进化论研究已经超越了普通生物学，开始走向新的高峰。这还只是一个方面。事实上进化论研究甚至不再局限于生物学领域，而是广泛应用于几乎所有学科，从自然科学到人文科学、从分子生物学到社会行为学、从现实生命到虚拟生命，甚至宇宙层面，都展示了独特的科学价值，形成了宏大的进化论科学体系。进化论因此被称为"放之于四海皆准的进化论"。这就是所谓的广义进化论。

　　广义进化论已经把自宇宙起源直到社会发展的全过程纳入研究视野，并取得了非常可观的成绩。既然先有宇宙才有万物、先有万物才有生命、先有生命才有人类、先有人类才有人类社会、先有人类社会才有人类文化、先有人类文化才有人类科学，那么，在所有这些因素之间，必然存在一种有机的联系，那就是自然选择的进化论。除此之外，没有任何一门学科可以起到如此重要的纽带作用。进化论的面貌也因此而越来越清晰，不但可以用于理解生命现象，而且可以用于理解整个宇宙中的所有复杂事件，其中包括宇宙的起源。

　　达尔文曾经说过："只考虑生命起源没有意义，我们还应该考虑宇宙的起源。"宇宙的起源曾经是达尔文内心最为担忧的话题。只有理解宇宙的起源，才可能从根本上彻底排除神创论的干扰。如果不解决这个问题，进化论就永远无法成为完美的科学观。不过这个问题对于达尔文而言过于超前，直到爱因斯坦降临，答案才开始慢慢浮出水面，并悄悄地和进化论联系到一起。

　　那么进化论又是如何理解宇宙起源的呢？

在爱因斯坦之前，所有人都相信宇宙广阔而平坦，只有银河系漂浮在黑暗的空旷之中。太阳系根据物理法则机械地运行着，这种运行是如此规则，甚至可以理解为静止。一个人出生时的月亮与死亡时的月亮几乎没有差别，从这种意义上说，宇宙似乎确实是静止的。这就是静态宇宙观。

但这个观念其实与经典的牛顿力学水火不容。万有引力被认为是物体之间广泛存在的作用力，考虑到宇宙中运行着无以计数的星球，当所有吸引力都聚焦到某个星球时，这个星球就会被撕碎。但这种悲剧并没有发生，所有独立存在的星球都很稳定，就算近在咫尺的月亮也没有被地球和太阳撕成两半儿，这暗示我们对宇宙的理解可能是错误的，包括爱因斯坦在内，因为他也相信静态宇宙观。

后来有大量证据表明，宇宙其实处于急剧的膨胀之中。我们晚上睡觉前的宇宙和第二天清晨醒来时的宇宙已经完全不同，甚至面目全非。远方的星系正以至少每秒七十公里的速度飞速离去，逃离的速度比高铁还要快一千倍以上。只不过在我们的维度无法察觉这种变化而已，就像蚁穴中的蚂蚁无法察觉日新月异的世界发展一样。

膨胀的宇宙比静止的宇宙更容易理解，如果宇宙是静止的反而更麻烦，因为我们必须解释为什么会有一个静止的宇宙存在、它是怎么来的、未来将要如何发展。对于一个原本就有的事物，很难说清楚它的来龙去脉。膨胀的宇宙则不然，宇宙在膨胀，说明以前很小，更早的时候可能更小，最终可能来源于一次不可思议的大爆炸。

得益于霍金的科普，大爆炸理论如今已是妇孺皆知。

宇宙大爆炸为理解宇宙奠定了基础，因为一个有起点的事物明显要比没有起点的事物更容易理解。

爱因斯坦说过："宇宙最不可理解之处在于，它居然是可以理解的。"事实上，这句话还可以倒过来解读：可以理解的宇宙其实是最不可理解的。我们该如何理解这个可以理解的宇宙呢？我们的宇宙为什么会有这样的物理规律而不是其他的物理规律呢？我们的宇宙不但可以理解，而且出现了能够理解这个宇宙的智慧生命，难道是随机与偶然的结果吗？如果我们的宇宙真的来自一次大爆炸，那么在大爆炸之前又是什么情况？

这些追问的麻烦在于，很容易就会指向神创论。事实也正是如此，神创论者趁机把宇宙大爆炸理论据为己有，他们理直气壮地宣称："大爆炸就是创世的证明。"教皇庇护十二世曾公开宣布："世界新纪元源于造物主之手。上帝说，应该有光。大爆炸就是那道'光'。"

我们当然不能指责教皇无知，因为其中存在一个显而易见的逻辑：无论大爆炸理论是对是错，都很麻烦。就像玩鞭炮总需要有个人去点火，大爆炸当然也需要一个引爆者，我们姑且不去考虑他是不是会被炸着手，我们更关心的问题是，那个点火的家伙是谁？

不言而喻，除了上帝，没有人能承担如此艰巨而危险的任务。

科学家当然不能接受这种观点，他们必须正视这个问题，并努力给出唯物主义的回答，否则就将重蹈自然神学的覆辙。

可为什么恰好会有这么一次理想的大爆炸呢？并且就此产生了理想的物理规律，出现了稳定的时空与物质、足以构建复杂的生命，并进一步理解这个宇宙呢？这就相当于你去抽奖，奖池里只有一张彩票，而这张彩票正是头奖。如果没有神明的眷顾，几乎是不可能的事情。

爱因斯坦也曾思考过这个问题，他说："我想知道，上帝创造宇宙时，到底有没有其他选择。"他的意思是，我们的宇宙是不是自然法则的必然产物？或者说，还有没有其他宇宙或其他物理规律？

爱因斯坦没有给出答案，在此后的很长时间内，也没有人给出答案。因为这个问题是如此难以回答，以至于没有人敢于尝试。过了许久才有人给出了一个模糊的答案，那就是多重宇宙理论。

多重宇宙理论认为，无数的时空泡沫可以形成无数的黑洞，当物质从黑洞这一侧进去，就会从另一侧炸出一个宇宙，每个宇宙之间都存在时空隧道，彼此形成了一个巨大的宇宙海洋。我们的宇宙，只是宇宙海洋中的一个水滴而已。

因为宇宙是如此众多，以至于无法计数，所以必然可以通过随机作用产生一个正确的宇宙，在大爆炸时形成正确的粒子，进而形成一个可以理解的宇宙，我们恰好处于这样一个可以理解的宇宙之中。

无论你能否理解，多重宇宙都要比单一宇宙更容易理解，因为它提供了更多的彩票，所以会产生更多的机会。同时，多重宇宙还坚持了唯物主义，如果你彩票中奖，无论中奖金额多高，都与你的运气、人品或长相无关，事实上中奖只是一个概率事件，并不需要神灵的关照。

我们出现在这个宇宙中，这个宇宙正好适合生命存在，就是这样一次随机的抽奖过程。虽然结果看起来不可思议，但从抽奖本身而言，这个宇宙与其他宇宙并没有本质区别，就像中奖彩票和其他彩票没有本质区别一样。

　　这个逻辑听起来并没有什么问题，但在随机之中存在某种必然性吗？或者说，我们所在的优秀的宇宙是必然的结果吗？

　　在很长时间内，这些问题依然无人回答，直到有个人想到了自然选择的进化论，问题开始出现转机。这个人就是美国宇宙物理学家斯莫林。

　　20世纪90年代，斯莫林曾在大名鼎鼎的普林斯顿高等研究院工作，被称为现今最具原创力的理论物理学家之一，他支持多重宇宙理论，并提出了一个非常有趣的观点。他指出，在如此众多的宇宙中，必然有些宇宙更容易生成黑洞，因此产生更多的后代宇宙，这些宇宙就像细菌一样繁殖，不断发生遗传与变异，每个宇宙都会出现与母宇宙相似但不同的物理规律，总有一些物理规律符合构成物质与生命的要求，并且呈现典型的自然选择效应——后代较多的宇宙会胜出，其他宇宙将被淘汰。

　　这并不是斯莫林理论的重点，他的重点是：容易通过黑洞进行复制的宇宙，可能也更容易产生生命，两者存在着某种必然的联系。

　　这种联系是什么呢？

　　现在宇宙物理学家已经可以证明，并可以实际观察，在我们的宇宙中，每当一个恒星死亡，都有可能产生一个黑洞。因此，黑洞的数量事实上应该非常庞大。粗略估计，银河系中至少应该存在数以千万计的黑洞。而在我们的宇宙中，至少存在一千亿个银河系，黑洞数量当然特别可观。如果每一个黑洞都连接着另一个宇宙，足见宇宙海洋是何等浩渺无垠。

要想呈现如此壮观的宇宙图景，就必须制造足够多的恒星，而要想制造足够多的恒星，就必须有足够多的碳原子。因为碳原子是形成恒星的关键物质。

为什么碳原子如此重要呢？

原来在形成恒星的前期，必须聚集大量的星云物质，其中主要是氢和氦，但只靠这两种元素肯定无法形成恒星，因为这两种物质都比较轻，在互相聚拢的过程中会被引力产生的热能驱散。好在氢和氦可以通过聚变反应依次形成较重的元素，其中就包含大量的碳原子。而碳原子可以吸收大量热能，使得云团在聚拢过程中不会积累过多的热能而蒸发掉。也就是说，碳原子在某种程度上担当着云团冷凝剂的作用，使得云团有机会进一步坍塌而形成恒星。如果没有碳原子，恒星就无法形成，也就无法在未来坍塌为黑洞，这就是碳原子的关键价值。

如果物理规律发生改变，比如因质子间的引力太大或太小而无法形成足够的碳原子，也就无法形成足够多的恒星，无法制造足够多的黑洞，当然更无法通过黑洞诞生足够多的宇宙。

剩下的问题就容易理解了，碳原子不但有助于形成宇宙，而且有助于形成有机分子，进而成为生命的基础。也就是说，生命是宇宙形成过程的副产品。宇宙制造大量的碳，其本意不是为了形成生命，而是为了形成黑洞，从而繁殖更多的宇宙。

这就是宇宙层面的自然选择。

也就是说，我们所在的宇宙，并没有什么特殊意义，并不是为生命或人类设计的。就像你走进一家鞋店买鞋，总会买到一双非常合脚的鞋子，但其实那双鞋并不是为你量身定制的，而只是在一系列的尺码当中，必然有一双会合你的脚罢了。我们所在的宇宙，就是恰好合脚的那双鞋。在宇宙的海洋中到处充满了富含生命的宇宙，我们所在的宇宙只是其中之一。我们并不孤单，尽管我们可能永远也无法接触彼此，就像我们永远也不知道店里的其他鞋子被谁买去了一样。

顺着这个逻辑进一步推理，还可以得出更加有趣的结论：既然宇宙可以通过黑洞产生更多的宇宙，而现代科学已经有能力在大型对撞机上制造黑洞，是不是意味着可以人为制造一个宇宙呢？

此事听起来荒唐，却并非痴人说梦。暴胀理论之父古斯就相信，在实验室里创造一个宇宙，事实上是有可能的事情。既然如此，那谁能保证我们的宇宙不是此前某个智能生物在实验室里创造出来的呢？

如果有人可以创造宇宙，当然就会出现人工选择的宇宙，就像人工饲养的猫和狗一样，它们更符合主人的需要。宇宙物理学家哈里森坚信，可能确实有某种智能生物正在实验室里不断创造着新的宇宙，同时产生了许多废品宇宙和半成品宇宙，它们都无法制造生命，但总能创造出许多可以制造生命的宇宙，不但出现了生命，而且出现了人类，并试图回头理解其所在的宇宙。当然，也有可能存在质量更加优秀的宇宙，或许里面早已挤满了各种各样的智能生命，他们正在考虑如何制造下一代宇宙，从而制造更多超级智慧的生命。如果他们发觉我们居然对此感到匪夷所思，他们肯定会笑掉大牙。

更重要的是，我们不会设计一个我们无法理解的宇宙，设计我们的设计者自然也不会，所以我们的宇宙是可以理解的宇宙。进一步推测，如果我们的宇宙可以理解，那么创造我们的那个宇宙也是可以理解的。这是一个普遍可以理解的宇宙海洋。其他不可理解的宇宙，都在进化过程中被淘汰了。

这就是宇宙层面的进化游戏，在所有游戏中，都不需要神的参与，仅仅依靠宇宙和其中进化出来的智能生命，游戏就可以不断进行，永不停止。

多重宇宙要么可能，要么不可能。根据进化论原理，多重宇宙要比单一宇宙更容易理解，因而也更有可能。至于具体相信哪种观点，完全取决于你自己。此事目前没有标准答案，因此也不必担心受到批评。

最后一个问题是：如果说宇宙是自然选择的结果，那么宇宙的自然是什么？到底是谁在选择？要是搞不定这个问题，仍然无法摆脱上帝的阴影。

对此，著名进化论学者道金斯给出过一个近乎完美的回答，他说："达尔文所说的适者生存，其实是稳定者生存，这是宇宙的一个普遍法则，在生物界得到特殊运用，才叫作适者生存。"

稳定者生存可以解释宇宙中的物质组成，整个宇宙都被各种稳定的物质所占据，如果不稳定，当然就不会长久存在。比如太阳表面的温度极高，只有氢、氦这些简单的原子，其他较为复杂的原子以及化合物，都因其不稳定而不存在。只有在地球这样冷却的星球表面，各种原子和复杂的分子才可能存在。它们只是因为稳定而存在而已，整个过程无人选择。

稳定者生存是一种新的表述，特别是在宇宙层面，我们不必等待一个高于宇宙层面的选择者出现，而只需要等待足够稳定的宇宙。

这些全新的进化论观点听起来近乎神话，但只要仔细考察就会发现，其中没有任何一个环节违背现有的物理规律，没有任何一个环节需要超自然力量的干预，这才是自然选择的伟大之处，它终将让我们理解一切需要理解的现象。

当其他重要的科学理论，且不去说那些如同过江之鲫的哲学理论，就算牛顿和爱因斯坦的自然科学理论，都已随着时代的进步而展示出了某种局限性，进化论却随着科学的发展而表现得越来越强大。从这种意义上说，把进化论称为最伟大的科学理论，一点儿也不为过。

进化论让我们认识到，地球不是宇宙的中心，人类也不是万物之长。我们都是自然选择的产物，有生命的和无生命的，无不服从自然选择的原理。宗教在其中不会产生任何作用。

尽管如此，进化论与宗教之间的论战永远不会消失。因为人类是唯一知道自己终将死亡的动物，我们特别需要一种精神上的支撑来对抗死亡带来的恐惧，以便给自己提供活下去的理由。宗教可以给一部分人提供这样的理由。所以有些人对宗教的依赖远远大于对科学的依赖。而对科学的需要往往是现实的需要，比如让我们的旅行更便捷、居住得更舒适等。在现实需要与精神需要之间存在一定的鸿沟，目前还没有统一的希望。这也决定了宗教和科学的冲突，特别是与进化论的冲突，不会在短时间内结束。

调和宗教与科学的关系是一种有益的努力，但不会取得理想的效果。科学并没有花太多精力去干涉宗教，从来没有哪个科学团体试图烧死某个教派的领袖，反倒是宗教团体担心科学的发展会影响宗教的力量。

另一方面，有些人会有意无意地把宗教与道德画等号。这其实是一种错觉：不同的宗教教义各不相同，而人类的道德基线大致相同。所以宗教并不代表道德，只是有人自以为是地想要用宗教代表道德而已。

客观而言，从宗教的角度来看，它的目标和道德有着某种一致性，都希望对人类起到某种引导作用，而不管这种引导是否正确。宗教人士在担心进化论会使人类的道德更加败坏的同时，世界各地因宗教而爆发的战争却正在造成大量死亡，这与道德的基本追求大相径庭。

道德与宗教也有一定的共同点，它们都是人类进化的产物。文化进化是广义进化论关注的另一个焦点，可以看作是人类进化的延伸。在文化进化的引导下，人类的未来应该更加光明，因为文化进化可以引导人类超越动物本性，获取更为强大的进化动力。

科学是文化进化最重要的结果，进化论则是其中最伟大的代表。只有依靠科学的力量，人类才能摆脱饥饿与贫困，摆脱原始的恐惧，摆脱各种无节制的追求，最终摆脱所有束缚人性发展的制约性因素，甚至摆脱基因法则的控制。在人性光辉的引领下，在科学方法的指导下，也许有一天我们会突然惊觉：我们自己就是心向往之的神！

2020年4月20日

再改定稿于凤阳九华居